Elisabeth Tova Bailey
Das Geräusch einer Schnecke beim Essen

Elisabeth Tova Bailey

Das Geräusch einer Schnecke beim Essen

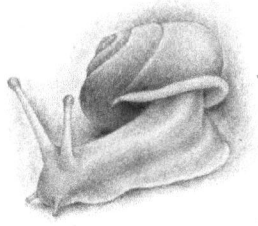

Aus dem amerikanischen Englisch
von Kathrin Razum

Mit Illustrationen von Kathy Bray

PIPER

Mehr über unsere Autorinnen, Autoren und Bücher:
www.piper.de

Wenn Ihnen dieses Buch gefallen hat, schreiben Sie uns unter
Nennung des Titels »Das Geräusch einer Schnecke beim Essen«
an empfehlungen@piper.de, und wir empfehlen Ihnen gerne
vergleichbare Bücher.

Inhalte fremder Webseiten, auf die in diesem Buch (etwa durch
Links) hingewiesen wird, macht sich der Verlag nicht zu eigen.
Eine Haftung dafür übernimmt der Verlag nicht.

Wir behalten uns eine Nutzung des Werks für Text und
Data Mining im Sinne von § 44b UrhG vor.

ISBN 978-3-492-07156-7
© Elisabeth Tova Bailey 2010
Titel der amerikanischen Originalausgabe:
»The Sound of a Wild Snail Eating«, Algonquin Books of
Chapel Hill, North Carolina, USA 2010
© der deutschsprachigen Ausgabe:
Piper Verlag GmbH, München 2023
Illustrationen: Kathy Bray
Illustrationen © Elisabeth Tova Bailey
Satz: Eberl & Koesel Studio, Kempten
Gesetzt aus der Minion Pro
Druck und Bindung: GGP Media GmbH, Pößneck
Printed in Germany

Der Biophilie gewidmet

Ein kleines Haustier ist oft ein ausgezeichneter Gefährte.

Florence Nightingale, *Notes on Nursing*
[Anmerkungen zur Krankenpflege], 1912

Die Natur ist die Zuflucht des Geistes ... reicher noch als die menschliche Vorstellungswelt.

Edward O. Wilson, *Biophilia*, 1984

INHALT

Prolog

Viren sind ein integraler Bestandteil der
Grundstruktur allen Lebens.

Luis P. Villarreal, *The living and dead chemical called a virus [Die*
lebende und tote chemische Verbindung, die man Virus nennt], 2005

Aus meinem Hotelfenster blicke ich über den tiefen Gletschersee auf das Alpenvorland und die Berge. Als es dämmert, verschmelzen die Hügel mit dem Gebirge, dann verschwindet alles im Dunkeln.

Nach dem Frühstück spaziere ich durch die gepflasterten Dorfstraßen. Es ist kein Frost mehr, und riesige Rosmarinbüsche strecken sich der Sonne entgegen. Ich nehme einen Weg, der sich die steilen, wilden Hügel hinaufwindet, an Schafherden vorbei. Hoch oben auf einem Felsvorsprung mache ich Rast und esse Brot und Käse. Später am Nachmittag entdecke ich am Ufer alte Tonscherben, deren Kanten von Zeit und Wasser glatt geschliffen wurden. Ich erfahre, dass im Dorf eine böse Grippe umgeht.

Ein paar Tage verstreichen, dann folgt eine Nacht voll Fieberfantasien. Meine Träume werden durch das An- und Ablegen von Fähren gestört. Passagiere rufen in der Dunkelheit, schrecken mich aus dem Schlaf. Jedes Mal wenn ich wieder einschlafe, zerrt das Wassergeräusch des Sees an mir. Irgendetwas stimmt nicht mit meinem Körper. Alles fühlt sich verkehrt an.

Am nächsten Morgen bin ich schwach und kann nicht denken. Einige meiner Muskeln gehorchen mir nicht. Mein Zeitgefühl wird schwammig. Ich verirre mich, die Straßen führen in zu viele Richtungen. Wie in einem Nebel ziehen die Tage an mir vorüber. Ich packe meinen Koffer, doch aus irgendeinem Grund kann ich ihn nicht hochheben. Er scheint am Boden festzukleben. Irgendwie gelange ich zum Flughafen. Während des Flugs über den Atlantik sitzt ein kranker Chirurg neben mir, er niest und hustet unaufhörlich. Mein ausnahmsweise genommener, dringend benötigter Urlaub ist nicht so verlaufen wie erhofft. Aber das wird schon alles wieder, ich will nur noch nach Hause.

Nachdem ich in Boston umgestiegen bin, lande ich kurz vor Mitternacht auf meinem kleinen Flughafen in Neuengland. Als ich auf dem Parkplatz meinen Wagen aus dem Schnee ausgraben will und mich vorbeuge, wird die Schaufel zur Krücke, mit der ich mich aufrecht halte. Ich weiß nicht, wie ich nach Hause komme. Am nächsten Morgen sinke ich direkt nach dem Aufstehen ohnmächtig zu Boden. Zehn Tage Fieber mit hämmernden Kopfschmerzen. Mehrmals in der Notaufnahme. Laboruntersuchungen. Ich bin so krank wie noch nie in meinem Leben. Die Lungenentzündung in meiner Kindheit, das Pfeiffer-Drüsenfieber in meiner Collegezeit – das alles war nichts im Vergleich zu dieser Krankheit.

Ein paar Wochen später liege ich auf der Couch und sinke in eine tiefe Dunkelheit, falle und falle, bis ich unvorstellbar fern von allem bin. Ich schaffe es nicht mehr zurück, ich erreiche meinen Körper nicht. In der Ferne die Sirene eines Krankenwagens, die Stimmen von Ärzten.

Meine Augenlider schwer wie Felsbrocken. Ich versuche, sie zu heben, nur für ein paar Sekunden, doch sie schließen sich unwillkürlich wieder. Das Einzige, was ich noch tun kann, ist atmen.

Die Ärzte werden mich wiederherstellen. Sie werden diesem Zustand ein Ende machen. Ich atme weiter. Was ist, wenn mein Atem stehen bleibt? Ich muss schlafen, aber ich habe Angst vor dem Schlafen. Ich versuche aufzupassen – wenn ich einschlafe, wache ich vielleicht nie wieder auf.

ERSTER TEIL

Die Veilchentopfabenteuer

*... ich möchte Sie bitten ..., zu versuchen, die Fragen
selbst liebzuhaben wie verschlossene Stuben und wie
Bücher, die in einer sehr fremden Sprache
geschrieben sind. Forschen Sie jetzt nicht nach den
Antworten, die Ihnen nicht gegeben werden können,
weil Sie sie nicht leben könnten. Und es handelt sich
darum, alles zu leben. Leben Sie jetzt die Fragen.*

Rainer Maria Rilke, *Briefe an einen jungen Dichter*, 1903

1. Ackerveilchen

Vor meinen Füßen
Wann bist du dorthin gelangt
Du kleine Schnecke?
Kobayashi Issa (1763 – 1827)

In den ersten Frühlingstagen ging eine Freundin von mir im Wald spazieren und entdeckte zufällig auf dem Weg eine Schnecke. Sie hob sie auf und trug sie in der offenen Hand vorsichtig zu dem Studio, in dem ich zur Genesung untergebracht war. Am Rand des Rasens sah sie ein paar Ackerveilchen stehen. Mit einem Pflanzenheber grub sie einige davon aus, pflanzte sie in einen Terrakottatopf und setzte die Schnecke unter die Blätter. Dann brachte sie den Topf zu mir in die Wohnung und stellte ihn neben mein Bett.

»Ich habe eine Schnecke im Wald gefunden. Ich habe sie dir mitgebracht, sie sitzt hier unter den Veilchenblättern.«

»Wirklich? Warum hast du sie denn mitgebracht?«

»Ich weiß auch nicht. Ich dachte, du hast vielleicht Freude daran.«

»Lebt sie noch?«

Sie hob das eichelgroße braune Schneckenhaus hoch und betrachtete es.

»Ich glaube schon.«

Warum, fragte ich mich, sollte ich an einer Schnecke *Freude* haben? Was in aller Welt sollte ich mit ihr anfangen? Aufstehen und sie in den Wald zurückbringen konnte ich nicht. Sie interessierte mich nicht sonderlich, und falls sie wirklich noch lebte, war die Verantwortung – gerade für etwas so Abwegiges wie eine Schnecke – einfach zu groß.

Meine Freundin umarmte mich, verabschiedete sich und fuhr davon.

Mit vierunddreißig Jahren wurde ich auf einer kurzen Europareise von einem mysteriösen viralen oder bakteriellen Krankheitserreger befallen, der schwerwiegende neurologische Symptome hervorrief. Ich hatte mich für unverwundbar gehalten. Aber das war ich nicht. Und ich hatte geglaubt, falls es doch einmal Probleme geben sollte, würde mich die moderne Medizin schon wiederherstellen. Aber dem war nicht so. Auch den Fachärzten mehrerer großer Kliniken gelang es nicht, den Urheber der Infektion zu identifizieren. Über Monate hinweg war ich immer wieder im Krankenhaus, und es kam zu lebensbedrohlichen Komplikationen. Ein noch nicht zugelassenes Medikament, das mir schon in der Erprobungszeit zugänglich gemacht wurde, stabilisierte meinen Zustand, doch es sollte mehrere zermürbende Jahre dauern, bis ich zumindest teilweise genesen war und wieder arbeiten konnte. Meine Ärzte meinten, die Krankheit liege hinter mir, und ich wollte ihnen glauben. Ich war so froh, mein altes Leben fast vollständig wiederzuhaben.

Doch dann erlitt ich aus heiterem Himmel mehrere tückische Rückfälle und war schließlich wieder bettlägerig. Weitere aufwendigere Untersuchungen brachten zutage, dass die Mitochondrien in meinen Zellen nicht mehr richtig funktionierten; alle nicht bewusst gesteuerten Körperfunktionen, darunter auch Herzfrequenz, Blutdruck und Verdauung, waren gestört. Das mittlerweile zugelassene Medikament, das mir zunächst geholfen hatte, zeigte nun gefährliche Nebenwirkungen; wenig später sollte es wieder vom Markt genommen werden.

Auch wenn der Körper zu nichts mehr zu gebrauchen ist, jagt der Geist doch weiter wie ein Bluthund auf den gewohnten Neuronenbahnen dahin und versucht, die Antworten zu einem Wust von Fragen aufzuspüren – das *Warum, Was* und *Wann* und das unvorstellbar ferne *Wie*. Eine erschöpfende Suche, und die Antworten entziehen sich. Manchmal herrschten in meinem Kopf nur Lustlosigkeit und Leere, zu anderen Zeiten waren meine Gedanken in wildem Aufruhr, und ich wurde von unsagbarer Traurigkeit und einem kaum erträglichen Verlustgefühl übermannt.

Bei guter Gesundheit erscheint es einem selbstverständlich, dass das Leben einen Sinn hat, und es ist erschreckend, wie rasch eine Krankheit diese Gewissheit zunichtemachen kann. Ich schaffte es mit Mühe und Not, den einzelnen Moment zu bewältigen, und jeder dieser Momente zog sich hin wie eine endlose Stunde, doch zugleich verstrichen ganze Tage unbemerkt. Auch ungenutzt durchlebte Zeit vergeht, als hätte die Zeit einen unstillbaren Hunger und vertilgte den Tag komplett, ohne einen Krümel, eine Spur, eine Erinnerung zu hinterlassen.

Man hatte mich in einem Studio untergebracht, wo ich besser versorgt werden konnte. Mein Bauernhaus, das ungefähr fünfundsiebzig Kilometer entfernt lag, wurde verschlossen. Ich wusste nicht, ob und wann ich je wieder dorthin würde zurückkehren können. Vorläufig war mir eine Rückkehr nach Hause nur möglich, indem ich die Augen schloss und mich erinnerte. Ich sah den Vorfrühling, die violetten Ackerveilchen – gleich denen an meinen Bett –, die sich im ganzen Garten ausbreiteten. Und die duftenden rosa Stiefmütterchen, die ich in dem kleinen Waldgarten nördlich meines Hauses gepflanzt hatte – auch die blühen jetzt bestimmt. Obwohl sie in diesen nördlichen Regionen eigentlich nicht winterfest waren, überdauerten sie irgendwie. In Gedanken konnte ich ihren süßen Duft riechen.

Vor meiner Krankheit waren meine Hündin Brandy und ich oft durch den ausgedehnten Wald hinter dem Haus zu einem versteckten, in den Bergen entspringenden Bach gelaufen. Sein vom Wetter und den Jahreszeiten erzählendes Lied begleitete uns, während wir mal hier, mal dort auf Steinen, die halb aus dem Wasser lugten, das Bachbett überquerten. Auf dem Rückweg fand ich an einer sehr sumpfigen Stelle auf kleinen Inseln aus Wurzelwerk und Moos winzige wilde Veilchen, weiß mit zartlila gestreiftem Kelch.

Die Ackerveilchen an meinem Bett waren frisch und lebendig, im Gegensatz zu den sonst üblichen Schnittblumen, die andere Freunde mitbrachten. Die Schnittblumen hielten immer nur ein paar Tage, und sie hinterließen trübes, übel riechendes Wasser. In meinen Zwanzigern hatte ich mir mein Geld als Gärtnerin verdient, daher war ich froh, dieses kleine Stückchen Garten direkt neben meinem Bett zu haben. Ich konnte die Veilchen sogar mit meinem Wasserglas gießen.

Aber was war nun mit der Schnecke? Was sollte ich mit ihr anfangen? So klein sie war, hatte sie doch friedlich vor sich hin gelebt, als meine Freundin sie aufhob. Welches Recht hatten wir, in ihr Leben einzugreifen? Wobei ich mir nicht vorstellen konnte, wie das Leben einer Schnecke überhaupt aussah.

Ich erinnerte mich nicht daran, auf meinen zahllosen Spaziergängen im Wald je Schnecken gesehen zu haben. Vielleicht, dachte ich mit Blick auf das unscheinbare braune Tier, lag das an ihrem unauffälligen Äußeren. Den Rest des Tages blieb die Schnecke in ihrem Gehäuse, und ich war zu erschöpft von dem Besuch meiner Freundin, um noch einen weiteren Gedanken an meine Schnecke zu verschwenden.

2. Entdeckung

Schlafen und Aufstehen
Stets mit deinem Gehäuse
O Schnecke.

Kobayashi Issa (1763–1828)

Um die Abendessenszeit stellte ich überrascht fest, dass die Schnecke wach war. Sie lebte also. Der sichtbare Teil ihres Körpers war fast fünf Zentimeter lang und feucht. Der Rest war in dem zweieinhalb Zentimeter hohen Schneckenhaus verborgen, das sie elegant auf dem Rücken balancierte. Ich sah zu, wie sie langsam an der Seite des Blumentopfs hinabkroch. Während sie dahinglitt, wedelte sie sanft mit den Fühlern.

Den ganzen Abend lang erkundete die Schnecke die Außenwand des Topfes und den Untersetzer, in dem er stand. Ihr gemächliches Tempo faszinierte mich. Ich fragte mich, ob sie im Lauf der Nacht davonkriechen würde. Vielleicht würde ich sie nie mehr wiedersehen und das Schneckenproblem würde sich in Wohlgefallen auflösen.

Doch als ich am nächsten Morgen nachschaute, war die Schnecke wieder im Topf; in ihr Gehäuse zurückgezogen, schlief sie unter einem Veilchenblatt. Am Abend zuvor hatte ich einen Briefumschlag gegen den Lampenfuß gelehnt. Jetzt entdeckte ich direkt unter dem Absender ein rätselhaftes quadratisches Loch. Ich war verblüfft. Wie konnte über Nacht ein Loch – noch dazu ein *quadratisches* – in einem Umschlag erscheinen? Dann fielen mir die Schnecke und ihre Betriebsamkeit am Abend ein. Sie war offenkundig nachtaktiv. Und sie musste so etwas wie Zähne besitzen, die einzusetzen sie sich nicht scheute.

Als gesunder Mensch hatte ich ein sehr aktives Leben geführt, das mit Freunden, Familie und Arbeit, mit den Freuden des Gärtnerns, Wanderns und Segelns und dem gewohnten Alltagstrott ausgefüllt war: Frühstück machen, den Wald erkunden, zur Arbeit fahren, ein Buch lesen, aufstehen, um etwas zu holen. Jetzt wäre schon Letzteres – aufzustehen, um irgendetwas, egal was, zu holen – eine echte Leistung gewesen. Für mich auf meinem Lager war das Leben außer Reichweite.

Die Monate verstrichen, und es fiel mir zunehmend schwer, mir in Erinnerung zu rufen, warum die endlosen Details eines von Gesundheit geprägten Lebens und einer guten Arbeitsstelle so wichtig gewesen waren. Es war seltsam zu beobachten, dass meine Freunde ihr geschäftiges Leben kaum in den Griff bekamen, wo sie doch all das tun konnten, was ich nicht tun konnte, ohne einen Gedanken darauf verschwenden zu müssen.

Hatte früher die Zukunft mit zahlreichen möglichen Marschrouten gelockt, gab es jetzt nur noch einen, jedoch nicht gangbaren Weg. Also wandten sich meine Gedanken stattdessen den reichhaltigen Sedimentschichten der Vergangenheit zu. Ein Windhauch, der durch das offene Fenster hereinkam, weckte die Erinnerung an eine Überquerung der Penobscot Bay auf dem Bugspriet eines Schoners. Der schlichte Wunsch, mir die Zähne zu putzen, führte mir das Badezimmer in meinem Bauernhaus mit

seinem Ausblick auf die alten Apfelbäume und den Mohn-
blumengarten vor Augen. Es hatte mich heiter gestimmt,
die über dem Mohn aufgehängte Wäsche zu sehen: Vor
den Gelb-, Orange- und Rottönen hoben sich die blauen
Laken und die Nachthemden, deren Ärmel zu den Blumen hinunterreichten, sehr schön ab.

An meinem zweiten Morgen mit der Schnecke entdeckte
ich wieder ein quadratisches Loch, diesmal in einer neben
meinem Bett liegenden Liste. Mit jedem weiteren Morgen
tauchten weitere Löcher auf. Ihre quadratische Form verblüffte mich nach wie vor. Meine Freunde waren überrascht und amüsiert, wenn sie von mir eine Postkarte mit
einem kleinen Loch erhielten, das mit einem Pfeil und
dem hingekritzelten Kommentar versehen war: »Von
meiner Schnecke gefressen.«

Mir dämmerte, dass die Schnecke etwas Richtiges zu
fressen brauchte. Normalerweise ernährte sie sich vermutlich nicht von Briefen und Umschlägen. In einer Vase
neben meinem Bett standen ein paar längst verwelkte Blumen. Eines Abends legte ich einige der welken Blüten
in den Untersetzer des Veilchentopfs. Die Schnecke war
wach. Sie kroch den Topf hinunter, inspizierte die Gabe
interessiert und machte sich daran, eine der Blüten zu ver-
zehren. In kaum wahrnehmbarer Geschwindigkeit begann
ein Blütenblatt zu verschwinden. Ich horchte genau hin.
Ich konnte *hören*, wie sie fraß. Es klang, als mampfte
jemand sehr Kleines unablässig Selleriestangen. Gebannt
sah ich zu, wie die Schnecke im Lauf einer Stunde syste-
matisch ein komplettes purpurrotes Blütenblatt verspeiste.

Das leise, anheimelnde Geräusch der Schnecke beim Fressen gab mir ein Gefühl von Gemeinschaft, von Zusammenleben. Und es freute mich, dass ich die welken Blumen, die neben meinem Bett standen, weiterverwerten konnte, um ein bedürftiges kleines Lebewesen damit zu ernähren. Ich für meinen Teil mochte meinen Salat ja lieber frisch, aber der Schnecke war vergammelter Salat eindeutig lieber, denn an den lebenden Veilchen, in deren Schutz sie schlief, hatte sie noch kein einziges Mal geknabbert. Man muss die Vorlieben anderer Lebewesen respektieren, egal wie groß oder klein sie sind, und das tat ich mit Freuden.

Das Studio, in dem ich untergebracht war, hatte viele Fenster und einen schönen Ausblick auf eine Salzwiese. Doch die Fenster waren weit von meinem Bett entfernt, und ich konnte mich nicht aufsetzen, um hinauszuschauen. Licht fiel durch die Fenster zwar herein, aber die Welt, die sie umrahmten, lag außerhalb meines Blickfeldes. Anders als in meinem Bauernhaus, das voller Farben war, erwachte ich hier jeden Morgen in einem Raum, dessen Wände und Decke vollkommen weiß waren – ich fühlte mich in einer kahlen weißen Kiste eingesperrt.

In den ersten Jahren meiner Krankheit hatte ich unzählige Stunden auf einer Bettcouch in meinem Bauernhaus verbracht, das in den 1830er-Jahren erbaut wurde, und zu den von Hand behauenen Deckenbalken hinaufgeschaut. Ihre warmen goldbraunen Farbtöne waren Balsam für meine Seele gewesen. Die Astlöcher erzählten Geschichten von Bäumen und einstiger Wildnis, und die quadratischen Nagelköpfe, die hier und da herausragten, hatten einmal einen Zweck erfüllt. Sämtliche Zimmer im Haus waren mit einer Kalk-Kasein-Farbe gestrichen. In dem

Zimmer, in dem ich lag, war es ein dunkles Blau, wandte ich den Kopf, konnte ich Rot in der Küche, Grün im Bad und ein ruhiges Grau im Wohnzimmer sehen.

Die Bettcouch bei mir zu Hause stand direkt neben dem Fenster, sodass ich hinausschauen konnte, ohne mich aufrichten zu müssen. Im Sommer sah ich meinen trotz mangelnder Pflege grünenden und blühenden Staudengarten. Ich hielt Ausschau nach Freunden, die mich zu Fuß, mit dem Fahrrad oder dem Auto besuchen kamen und immer etwas zu erzählen hatten, und winkte ihnen nach, wenn sie wieder gingen. Wenn ich im Morgengrauen erwachte, waren draußen auf dem Feld mehrere Katzen auf der Pirsch. Ich hörte, wie meine Nachbarn einer nach dem anderen zur Arbeit fuhren. Der flache Einfallswinkel des Sonnenlichts vergrößerte sich zum Mittag hin und flachte dann zur anderen Seite wieder ab. Meine Nachbarn kehrten einer nach dem anderen zurück. Der Abend senkte sich über die Felder, im hohen Gras gingen die Katzen wieder auf die Jagd, und schließlich wurde es Nacht.

Zwar war ich dankbar für die Pflege, die ich in dem weißen Zimmer erhielt, doch ich fühlte mich dort nicht zu Hause. Nicht genug, dass mein Körper ein bizarrer, befremdlicher Ort für mich geworden war, ich hatte auch Heimweh. Ich war fern von den Dingen, die mich erfreuten, von dem urwüchsigen Wald, der mir immer wieder Kraft gab, und dem sozialen Netzwerk, das mein Leben bereicherte.

Das Überleben hängt oft davon ab, dass man einen Lebensinhalt hat: eine Beziehung, einen Glauben, eine auf dem schmalen Grat des Möglichen balancierende Hoffnung. Oder von etwas Flüchtigerem: der Art und Weise, wie die Sonne durch eine harte, scheinbar undurchdringliche Fensterscheibe hindurch die Bettdecke wärmt oder wie der Wind, nur in der Bewegung sichtbar, die er erzeugt, so laut tost, dass man ihn durch die gut isolierten Mauern des Hauses hört.

Mehrere Wochen lang lebte die Schnecke in dem Blumentopf neben meinem Bett, schlief tagsüber und erkundete nachts die Umgebung. Morgens, wenn ich frühstückte, kroch sie wieder in den Topf zurück, um in der kleinen Mulde, die sie sich in der Erde gegraben hatte, zu schlafen. Auch wenn die Schnecke tagsüber fast immer schlief, war es beruhigend, zu den Veilchen hinüberzuschauen und unter einem Blatt die kleine runde Form auszumachen.

Abends erwachte die Schnecke, kroch mit beeindruckender Gelassenheit und Eleganz zum Rand des Topfes, linste nach unten und begutachtete erneut das fremde Terrain, das vor ihr lag. Hoheitsvoll, so als stünde sie auf einem Türmchen ihres Schlosses, erwog sie ihre Lage und bewegte dabei ihre Fühler wie zu einer fernen Melodie mal hierhin und mal dorthin.

Während ich mich zum Schlafen richtete, kroch die Schnecke in ihrem gemächlichen Tempo an der Topfwand hinunter zum Unterteller. Sie entdeckte die Blütenblätter, die ich ihr hingelegt hatte, und begann zu frühstücken.

3. Erkundungen

*In dem Maße, wie die Erkundung vorangetrieben
wird, rückt sie immer dichter an Herz und Geist
des Menschen heran.*

Edward O. Wilson, *Biophilia*, 1984

Wenn ich nachts aufwachte, lauschte ich aufmerksam.
Manchmal herrschte absolute Stille, aber manchmal hörte
ich auch das beruhigende minimale Kaugeräusch der
Schnecke. Mit der Taschenlampe suchte ich nach ihr, bis
ihr kleiner Körper im Lichtstrahl erschien. Wenn sie
gerade fraß, schaute ich, für welche der welken Blüten sie
sich entschieden hatte. Meistens entfernte sie sich nicht
mehr als einen Meter vom Blumentopf auf der großen
Holzkiste, die mir als Nachttisch diente.

Alle paar Tage goss ich die Veilchen mit meinem Wasserglas, und das überschüssige Wasser rann in den Untersetzer. Davon erwachte die Schnecke jedes Mal. Sie kroch
zum Topfrand und schaute hinunter, schwenkte in offen-
kundiger Freude langsam ihre Fühler und machte sich auf
den Weg nach unten, um zu trinken. Manchmal begann
sie danach wieder hochzukriechen, schlief jedoch auf hal-
bem Wege ein. Ab und zu erwachte sie, streckte, ohne ihre
Stellung zu verändern, den Kopf bis zum Wasser hinunter
und trank ausgiebig.

Um die Veilchenwurzeln herum war etwas mehr Erde

nötig, und meine Pflegerin holte welche aus dem Gemüse-garten und gab sie in den Blumentopf. Das gefiel der Schnecke gar nicht. Die nächsten paar Tage kroch sie, wenn sie von unten hochkam, jedes Mal vom Topfrand aus direkt auf ein Veilchenblatt, ohne die Gartenerde auch nur zu berühren, und hielt ihr Schläfchen hoch oben in der Blütenkrone. Etwas beschämt bat ich noch einmal um Hilfe, woraufhin die Gartenerde gegen Humus aus dem heimischen Wald der Schnecke ausgetauscht wurde. Bald schlief die Schnecke wieder unter den Veilchenblättern, in einer neuen weichen Mulde.

Die Holzkiste, auf der mein Veilchentopf stand, war in den Zwanzigerjahren mit dem Hab und Gut meiner Groß-eltern nach Birma und wieder zurück gereist. Meine Großeltern mütterlicherseits waren Missionsärzte gewe-sen, und mein Großvater war als Arzt wohlangesehen. Er behandelte viele Kranke und Verletzte und rettete einmal sogar einem Mann das Leben, der von einem Tiger übel zugerichtet worden war. Auch als der Lieblingselefant des Sawbwa von Kengtung kränkelte, wurde mein Großvater gerufen. Tapfer stach er das riesige Furunkel des Elefanten auf und behandelte die schwere Infektion.

Meine Großeltern kehrten nach Neuengland zurück, und mein Großvater etablierte sich als Landarzt. Das Wohnzimmer war seine Praxis, dort empfing er seine Patienten. Wenn ich als Kind zu Besuch kam, hatte ich immer panische Angst, er könnte mich husten hören. Ein Kitzeln im Hals oder auch nur ein Anflug von Blässe, und schon eilte er zu einem großen Glas mit grausig langen Zungenspateln und rammte mir einen davon in meine würgende Kehle. Doch wenn er zu einem Patienten geru-fen wurde, waren seine ersten Worte jedes Mal, selbst mitten in der Nacht: »Das tut mir aber leid, dass es Ihnen nicht gut geht.« Wie selten erlebt man bei einem Arzt solche Empathie.

Im Laufe der Wochen wurde die Schnecke auf ihren nächtlichen Streifzügen abenteuerlustiger, auch hinsichtlich ihrer Nahrung. Die Blüten, mit denen ich sie fütterte, reichten ihr ganz offensichtlich nicht. Eines Nachts fraß sie ein Stück des Etiketts auf einem Fläschchen Vitamin C. Ein andermal kroch sie an einer Pastellzeichnung hoch, die eine befreundete Künstlerin angefertigt hatte, und fraß einen Teil der grünen Einfassung. Und eines Morgens wachte ich auf und entdeckte ein Loch in einer gepolsterten Versandtasche.

Immer häufiger unternahm die Schnecke mitten in der Nacht ausgedehnte Exkursionen in unbekanntes Terrain. Dann entdeckte ich sie an der Seitenwand der Kiste, manchmal schon fast auf dem Boden. Oft inspizierte sie die Worte, die mit Tinte auf das Holz gestempelt waren. Alles, was die Farbe von fetter dunkler Erde hatte, wie etwa die schwarze Beschriftung der Kiste oder der Lampenfuß, schien sie besonders zu interessieren. Genauso sehr zogen sie allerdings auch weiße Dinge an, Papier zum Beispiel. Vielleicht, dachte ich, ist Papier ihre hölzerne Version von Fast Food.

Nachdem man sie dem Wald entrissen hatte, war die Schnecke in der fremden Umgebung meines Zimmers wieder aus ihrem Gehäuse gekrochen, ohne die geringste Ahnung, wo sie war oder wie sie dort hingekommen war; die fehlende Vegetation und die wüstenartige Umgebung müssen ihr seltsam erschienen sein. Die Schnecke und ich lebten beide in einer veränderten Landschaft, die wir uns nicht selbst ausgesucht hatten – ich stellte mir vor, dass wir ein Gefühl des Verlusts und der Heimatlosigkeit teilten.

Jeden Morgen, bevor ich ganz wach war, gab es einen Moment, in dem mein Geist sich noch mühsam in den Zustand des Bewusstseins vortastete, meinen Körper noch nicht wahrnahm, die Realität noch nicht erfasste. Dieser Moment war von reiner, süßer, unkontrollierbarer Hoffnung erfüllt. Ich wünschte mir diese Hoffnung nicht herbei, ja ich wollte sie gar nicht, denn die Enttäuschung folgte ihr auf dem Fuß. Doch sie war da, waberte in meinem Innern – die Hoffnung, meine Krankheit sei über Nacht verschwunden und ich sei mit Tagesanbruch auf wundersame Weise wieder gesund geworden. Aber dieser Moment ging unweigerlich vorbei, meine Augen öffneten sich, und die Realität überschwemmte mich: Nichts hatte sich verändert.

Dann fiel mir die Schnecke ein. Ich hielt Ausschau nach dem winzigen erdfarbenen Wesen. Normalerweise lag sie schon wieder schlafend in ihrem Blumentopf, und ihre vertraute Gestalt erinnerte mich daran, dass ich nicht allein war. Tagsüber empfand ich das Absonderliche meiner Lage am schmerzlichsten: Ich war zu einer Zeit ans Bett gefesselt, in der meine Freunde und Altersgenossinnen an ihren Karrieren bastelten und Kinder großzogen. Doch die Tatsache, dass die Schnecke tagsüber schlief, eröffnete mir eine neue Sichtweise: Ich war nicht die Einzige, die den Tag ruhend verbrachte. Die Schnecke schlief von Natur aus am Tag, selbst am sonnigsten Nachmittag. Ihre Gesellschaft tröstete mich und minderte mein Gefühl der Nutzlosigkeit.

Abends gab es einen kurzen, aber befriedigenden Zeitraum, in dem ich wusste, dass der Rest der Menschenwelt

bald, und sei es nur über Nacht, so wie ich sein Leben in der Horizontalen verbringen würde. Wenn gesunde Menschen zu Bett gehen, genießen sie das Privileg, in einen tiefen Schlaf zu sinken. Mein Schlaf hingegen war aufgrund meiner Krankheit durchlässig, und oft blieb er ganz aus. Wieder war die Schnecke meine Rettung. Während die restliche Welt ohne mich einschlief, wachte die Schnecke auf, als wäre diese, die dunkelste Zeit tatsächlich die beste Zeit zum Leben.

Nachdem wir uns wochenlang rund um die Uhr Gesellschaft geleistet hatten, konnte an unserer Beziehung kein Zweifel mehr bestehen: Die Schnecke und ich lebten offiziell zusammen. Ich hing an ihr, das gebe ich zu. Ein bisschen hatte ich ein schlechtes Gewissen, weil man sie ungefragt aus ihrem natürlichen Lebensraum genommen hatte, doch ich war nicht bereit, mich wieder von ihr zu trennen. Sie war ein willkommener neuer Lebensinhalt, und ich konnte mir nicht vorstellen, wie ich mir sonst die Stunden hätte vertreiben sollen.

ZWEITER TEIL

Ein grünes Königreich

Denk nicht daran, wieviel zu tun ist, welche Schwierigkeiten zu bewältigen sind oder welches Ziel erreicht werden soll, sondern widme dich gewissenhaft der kleinen Aufgabe, die gerade ansteht, und lass das für heute genügen.

Sir William Osler, Mediziner (1849 – 1919)

4. Der Waldboden

Ich habe mir ein Ziel gesetzt, ein bestimmter Stein,
aber es kann gut schon dämmern, bevor ich es
dorthin schaffe. … Falls ich wirklich den Stein
erreiche, werde ich mich dort für die Nacht in einen
bestimmten Spalt begeben.

Elizabeth Bishop, *Riesenschnecke*, 1969

Ungeachtet ihrer geringen Größe war die Schnecke eine furchtlose, unermüdliche Entdeckerin. Vielleicht suchte sie ja einen Weg zurück in ihren Wald, oder sie hoffte, irgendwo bessere Kost zu finden. Sie wusste instinktiv, wo ihre Grenzen lagen – wie weit sie in einer Nacht kriechen konnte, um morgens wieder zu Hause zu sein. Auf der trockenen Oberfläche der Kiste war der Veilchentopf eine Oase, wo sie Wasser, Futter und Obdach fand.

Wenn sie loszog, die Fühler erwartungsvoll ausgestreckt, schien sie sich ihres Weges völlig sicher zu sein, als befände sich das, was sie suchte, nur fünf oder zehn Zentimeter weiter auf der Kiste. Sie dahingleiten zu sehen, war eine willkommene Ablenkung und zugleich eine Art Meditation; meine oft hektischen Gedanken beruhigten sich allmählich und passten sich dem ruhigen, sanften Rhythmus der Schnecke an. Mit ihrer geheimnisvollen, fließenden Bewegung war die Schnecke eine wahre Tai-Chi-Meisterin.

Ich begann mir Gedanken darüber zu machen, wie weit die Schnecke nachts wohl kriechen würde, welche Schwierigkeiten ihr begegnen könnten und was sie auf ihrer Suche nach Essbarem Riskantes kosten mochte. Tinte, Pastellfarbe und Etikettenkleber schienen mir keine gute Schneckennahrung. Dazu fiel mir das Gedicht *The Four Friends [Die vier Freunde]* von A. A. Milne ein, das von einem Elefanten, einem Löwen, einer Ziege und einer kleinen Schnecke namens James handelte. »James stieß das Tosen einer Schnecke in Gefahr aus/doch keiner hörte ihn.« Ich konnte mir nicht vorstellen, dass eine Schnecke tosen konnte – aber ich wollte es auch gar nicht herausfinden.

Das Bed & Breakfast-Arrangement im Veilchentopf hatte eine Weile lang gut funktioniert, doch jetzt wollte ich, dass die Schnecke ein natürlicheres und sichereres Zuhause erhielt. Zu dem Studio, in dem ich untergebracht war, gehörte eine Scheune, und dort fand meine Pflegerin in einer dunklen Ecke ein leeres, rechteckiges Glasaquarium. Bald war es zu einem geräumigen Terrarium mit lebenden Pflanzen und anderem Material aus dem heimischen Wald der Schnecke geworden: Goldfaden – passend benannt nach seinen farbigen Wurzeln – mit den drei zarten pfotenförmigen Blättern hoch oben auf einem dünnen Stängel, Rebhuhnbeere mit ihren runden dunkelgrünen Blättern und ihren monatelang haltenden kleinen roten Beeren, größere, wächserne Blätter vom Wintergrünstrauch, viele Sorten Moos, Tüpfelfarn, eine winzige Fichte, ein modernder Birkenast sowie ein Stück alte Baumrinde, das von vielfarbigen Flechten überzogen war.

Möwen, die ins Landesinnere fliegen, lassen manchmal Muscheln fallen, und im Wald findet man gelegentlich die leeren blauen Schalen im Moos. Solch eine Muschel mit ihrem silbrigen Innern diente jetzt als natürliches Becken für frisches Trinkwasser. Mit einem alten Blatt hier und ein paar Fichtennadeln dort sah das Terrarium aus, als hätte man ein Stück Waldboden mitsamt dem ganzen natürlichen Durcheinander einfach aufgehoben und ins Terrarium versetzt. Die üppig feuchte Lebendigkeit der Pflanzen erinnerte mich an den Wald nach einem starken Regen. Es war die richtige Welt für eine Schnecke und für mich eine Augenweide.

Kaum befand sich die Schnecke in diesem vielfältigen neuen Reich, kam sie aus ihrem Gehäuse hervor. Die Fühler in leichter Bewegung, zog sie neugierig los, um das neue Terrain zu erkunden. Sie kroch den toten Ast entlang, trank Wasser aus der Muschel, inspizierte die diversen Moose, kroch die Glaswand des Terrariums hinauf, und dann suchte sie sich ein dunkles verstecktes Schlafplätzchen im Moos.

Während die Schnecke schlief, erkundete ich meinerseits vom Bett aus das Terrarium, ließ den Blick über die kleinen Hügel und Täler dieser frischen grünen Landschaft schweifen. Die Verschiedenheit der Moose hatte etwas Befriedigendes, von tiefer fedriger Weichheit bis hin zu festen Hügeln mit pelzig-samtiger Oberfläche. Farblich reichten sie von leuchtendem Grasgrün bis hin zu einem tiefen Dunkelgrün, von grellem Zitronengrün bis zu einem hellen Blaugrün. Tüpfelfarne neigten sanft ihre schönen, bis zu zehn Zentimeter langen Wedel, die ganz jungen Wedel noch fest eingerollt. Im Wald bei mir zu Hause wachsen diese Farne entlang des Baches auf den steil abfallenden Seiten von Granitblöcken. Sie überleben auf schmalen Felsstreifen, wo die Luft feucht und von der Energie des Baches erfüllt ist, ihre Rhizome finden Nah-

rung in den Spalten und Rissen im Fels. Im Winter unter Schnee und Eis begraben, senden sie im Frühling jedes Jahr wie durch ein Wunder neue Sprosse empor – mit urzeitlicher Beharrlichkeit.

Das neue Terrarium neben meinem Bett war schon für sich allein schön, ein grünes, wachsendes Ökosystem; dass es außerdem eine großartige Kulisse für die bescheidene braune Schnecke abgab, war umso besser. Zwar vermisste die Schnecke bestimmt weiterhin ihren vertrauten Wald, doch war das Terrarium zumindest ein komfortablerer und natürlicherer Lebensraum als der Blumentopf. Im Terrarium würde die Schnecke sicher sein, sicherer als in der freien Natur, denn hier gab es keine vom Himmel her abstoßenden oder hinter einem Blatt lauernden Räuber.

Ich setzte meine Schneckenbeobachtungen fort, und jetzt wollte ich mehr darüber erfahren, wie ich gut für meine kleine Gefährtin sorgen konnte. Meine Pflegerin trieb ein jahrzehntealtes Taschenbuch namens *Odd Pets [Seltsame Haustiere]* von Dorothy Hogner auf. Neben grundlegenden Informationen über Schnecken fand sich darin auch der Rat, sie mit Pilzen zu füttern.

Im Kühlschrank in der Küche lagen frische Zuchtchampignons. Ein einzelner Champignon war ungefähr fünfmal so groß wie meine Schnecke, also schnitt meine Pflegerin eine großzügige Scheibe von einem der Pilze ab und legte sie ins Terrarium. Die Schnecke war begeistert.

Nach Wochen mit nichts als welken Blüten war sie so froh über diese vertraute Nahrung, dass sie mehrere Tage lang direkt neben der riesigen Champignonscheibe schlief, wobei sie immer mal wieder kurz erwachte, ein wenig am Pilz knabberte und wieder in wohlgenährten Schlaf sank.

Über Nacht verschwand dann jedes Mal eine erstaunlich große Portion Champignon, bis nach einer Woche schließlich nichts mehr davon übrig war.

5. Leben in einem Mikrokosmos

*... noch ist unter den Dingen und bei den Tieren
alles voll Geschehen, daran Sie teilnehmen dürfen.*
Rainer Maria Rilke, *Briefe an einen jungen Dichter,* 1903

Die Schnecke verzehrte jede Woche eine ganze Scheibe Champignon. Mir fiel auf, dass sie beim Fressen sanft mit dem Kopf nickte. Ob das bedeutete, dass sie mit ihrer Mahlzeit zufrieden war? Als ich den Rest des Champignons inspizierte, entdeckte ich Bissspuren – ganz feine vertikale Furchen, wie von einem winzigen Kamm.

Was die Gesellschaft der Schnecke so unterhaltsam machte, war nicht zuletzt die Tatsache, dass sie sich immer wieder neue Schlafplätze suchte. Im Terrarium war ein ständiges Versteckspiel im Gange. Die Schnecke verschmolz regelrecht mit der Vegetation, sodass ich sie in ihrem neusten Versteck jedes Mal erst aufspüren musste. An bedeckten oder regnerischen Tagen war sie wach und aktiv, und ich staunte, wie schnell sie sich fortbewegte. Gerade hatte ich sie noch irgendwo gesehen, dann schweiften meine Gedanken ab, und schon musste ich wieder das ganze Terrarium nach ihr absuchen.

Die Schnecke schien sich über alle Regeln der Physik hinwegzusetzen. Sie kroch über die Spitzen des Mooses, ohne dass sie sich bogen, und konnte einen Farnstängel senkrecht hinauf und dann an der Unterseite des Wedels kopfüber weiterkriechen. Ihr geringes Gewicht zog den Farn bogenförmig nach unten, doch das beeindruckte die Schnecke überhaupt nicht, sie fühlte sich in jeglicher Position, in jeder Höhe und jedem Neigungswinkel wohl. Auch ihre Balance war perfekt. Sie konnte auf dem Rand der Muschel sitzen und sich aus dieser wackeligen Position ganz entspannt ins Leere vorstrecken und vom Pilz fressen, ohne herunterzufallen oder Wasser aus der Muschel zu verspritzen. Keine Herausforderung war ihr zu groß: Wenn die Schnecke auf ein Hindernis stieß, einen Ast zum Beispiel, untersuchte sie ihn kurz und kletterte dann einfach über ihn hinweg, statt den längeren Weg außen herum zu nehmen. Morgens glitzerten im Terrarium immer die silbrigen Spuren ihrer nächtlichen Wanderungen.

Mir gefiel die Eleganz, mit der die Schnecke ihre Fühler bewegte, während sie gelassen dahinkroch, und ich sah ihr gerne zu, wenn sie aus der Muschel trank. Ich hatte mehrmals das Glück, zu sehen, wie sie sich putzte: Sie reckte den Hals nach hinten über ihr Gehäuse und säuberte dessen Rand sorgfältig mit dem Mund, wie eine Katze, die ihr Nackenfell leckt. Die Schnecke schlief meistens auf der Seite, und mit den feinen Streifen, die senkrecht zu den spiralförmigen Windungen ihres Gehäuses verliefen, erinnerte sie mich an meinen alten getigerten Kater Zephyr, wenn er sich für ein Nickerchen zusammengerollt hatte.

Ein Buch zu halten und zu lesen, egal wie lange, erforderte ein Maß an Kraft und Konzentration, das meine Möglichkeiten überstieg; meine Schnecke zu beobachten hingegen war äußerst entspannend. Ich sah ihr zu, ohne zu denken, schaute einfach in das Terrarium, um mich mit einem anderen Lebewesen verbunden zu fühlen – kaum

zehn Zentimeter von mir entfernt vollzog sich ein anderes Leben.

Obwohl die Schnecke und ich unsere festen Gewohnheiten hatten, wussten wir beide doch auch Abenteuer zu schätzen. Wenn Freunde oder Verwandte zu Besuch kamen und etwas Neues für das Terrarium mitbrachten, war die Schnecke immer fasziniert. Ob es ein halb vermoderter, von Flechten überzogener Ast war, ein Stück Birkenrinde, ein Ballen Moos einer anderen Art oder vielleicht auch ein Salatblatt oder eine Gurkenscheibe, die Schnecke nahm die Gaben mit bebenden Fühlern entgegen. Nach ausgiebiger, sorgfältiger Prüfung kostete sie dann alles, was ihr essbar schien.

Mir wiederum forderten meine Abenteuer etwas mehr ab. Nachdem ich wochenlang das Bett in meinem Zimmer nicht verlassen hatte, war ein Arztbesuch ein gewaltiges Unterfangen. Ich wurde liegend im Auto transportiert, und angesichts meines normalerweise fast bewegungslosen Lebens war es erstaunlich, die Baumwipfel über mir in atemberaubender Geschwindigkeit vorbeisausen zu sehen.

Man schob mich ins Wartezimmer, wo ich mich von still wartenden Patienten umgeben sah. Jeder von uns war von seinem eigenen fernen Krankheitsplaneten gekommen. Obwohl wir uns nicht kannten, wurden wir sofort zu stummen Gefährten. Wir waren aus dem gleichen Grund hier: um dem Arzt unsere fremdartige Erfahrung zu schildern, in der Hoffnung, dass er unser Weiterleben erleichtere. Mit anderen Patienten zusammen sein zu können, rührte mich sehr an; trotz unserer jeweils eigenen Leiden trugen wir alle die Bürde der Krankheit. Doch selbst hier war meine Teilhabe begrenzt, denn ich war zu schwach, um länger als ein paar Minuten aufrecht zu sitzen. So schnell wie möglich brachte man mich in ein Untersuchungszimmer, damit ich im Liegen warten konnte.

Zwar konnte ich mich bei diesen gelegentlichen Ausflügen hinten im Auto ausstrecken, doch gab es nur wenige Ziele, die für mich infrage kamen. Büros, Galerien, Büchereien und Kinos sind nicht für liegende Menschen konzipiert. Das interessanteste Abenteuer war für mich, wenn mein Fahrer noch etwas zu erledigen hatte und ich auf irgendeinem Parkplatz hinten im Wagen liegen und meinen Mitmenschen dabei zusehen konnte, wie sie rastlos ihren Geschäften nachgingen. Es gab mir ein Gefühl von Zugehörigkeit und Zufriedenheit, doch gleichzeitig führte es mir sehr deutlich vor Augen, dass ich von den grundlegendsten Aktivitäten des Lebens abgeschnitten war.

6. Zeit und Raum

Die Geschwindigkeit der Kranken jedoch
gleicht der einer Schnecke.

Emily Dickinson in einem Brief an Charles H. Clark, April 1886

Jeweils nur ein paar Zentimeter von meinem Bett und voneinander entfernt standen das Terrarium und ein Wecker. Während das Leben im Terrarium blühte und gedieh, tickte Sekunde um Sekunde dahin. Doch das Verhältnis zwischen Zeit und Schnecke verwirrte mich. Die Schnecke kroch durch das Terrarium, während sich die Zeiger des Weckers kaum bewegten – oft kam es mir vor, als wäre die Schnecke schneller als die Zeit. Dann wieder war ich in die Beobachtung der Schnecke versunken und stellte plötzlich fest, dass die Zeit verflogen war, ohne dass ich es bemerkt hatte. Und wie war das mit den Farnwedeln, die sich entrollten? Die Bewegung war unmerklich und führte doch langsam, aber sicher zum Ziel.

Obwohl der Berg von Dingen, die ich meinte tun zu müssen, bis zum Himmel reichte, konnte ich nur sehr wenig ausrichten, aber die Zeit schleppte mich einfach weiter mit. Wir sind alle Geiseln der Zeit. Jeder von uns hat im Laufe eines Tages dieselbe Anzahl von Minuten und Stunden zur Verfügung, und doch hatte ich das Gefühl, sie seien nicht gleich verteilt. Durch meine Krankheit hatte ich unendlich viel Zeit – sie war fast das Einzige, was ich hatte. Meine Freunde hingegen hatten so wenig Zeit, dass ich mir oft wünschte, ihnen von der Zeit, die ich nicht nutzen konnte, etwas abgeben zu können. Es war verblüffend, dass ich durch meine Krankheit etwas so Begehrtes gewonnen hatte, jedoch so wenig damit anfangen konnte.

Ich erwartete Besucher immer sehnlichst, doch die Vorfreude und der Kraftaufwand der Begrüßung mündeten jedes Mal in lähmende Erschöpfung. Wurden dann die ersten Geschichten zum Besten gegeben, blieb mein Geist zwar nach besten Kräften dabei – ich brauchte diese Verbindung zur Außenwelt so dringend –, doch mein Körper wurde von Wellen der Schwäche übermannt. Gleichwohl waren meine Freunde wie Goldfäden, die unversehens im einförmigen Gewirk meiner Tage erschienen. Jeder Besuch war ein Fenster auf mein früheres Leben, das sich einen Moment lang öffnete, jedoch wieder zufiel, ehe ich durch es hindurch zurückgelangen konnte. Die Besuche waren wie Träume, aus denen ich jedes Mal wieder allein erwachte.

Je vertrauter mir die Welt der Schnecke wurde, desto fremder wurde mir die Menschenwelt; meine eigene Spezies war so groß, so gehetzt, so verwirrend. Ich stellte fest, dass mich der Energielevel meiner Besucher beschäftigte, und begann sie genauso aufmerksam zu beobachten, wie ich die Schnecke beobachtete. Mich erstaunte, wie ziellos sich meine Besucher im Zimmer bewegten: Es schien, als wüssten sie nicht, wohin mit ihrer Energie. Sie gingen so achtlos damit um. Spontane Armbewegungen, ein zurückgeworfener Kopf, eine plötzliche Körperstreckung, als wäre das gar nichts. Oder sie fuhren sich unnötigerweise mit den Fingern durchs Haar.

Es dauerte immer, bis die Besucher zur Ruhe kamen.

Sie setzten sich und zappelten erst einmal eine Weile herum, dann entspannten sie sich allmählich, und schließlich wurde ihr Körper ganz still. Sie begannen über interessantere Dinge zu reden. Irgendwann während ihres Besuchs fiel ihnen dann auf, wie wenig ich mich bewegte, wie reglos mein Körper war, und eine eigenartige Schweigsamkeit erfasste sie. Sie befürchteten, mich zu überanstrengen, doch ich merkte, dass ich sie außerdem an all das erinnerte, wovor sie sich fürchteten: an Zufall, Ungewissheit, Verlust, den schmalen Grat der Sterblichkeit. Wir Kranken sind die Hüter der geheimen Ängste all jener, die bei guter Gesundheit sind.

Schließlich erfasste Unbehagen meine Besucher, ließ hier eine Hand zucken, dort einen Fuß wippen. Je eklatanter meine eigene Reglosigkeit, desto größer ihr Bedürfnis, sich zu bewegen. Ihre Energie wurde zu Ruhelosigkeit, versetzte ihre Körper in Bewegung, ein Schwingen der Arme, ein paar Schritte durchs Zimmer: Der Körper ist nicht dazu geschaffen, stillzuhalten. Wenig später brachen meine Besucher dann auf.

Meine Hündin Brandy war eine Mischung aus Golden Retriever und gelbem Labrador. Obwohl sie schon acht war, hatte sie im Vergleich zu mir unglaublich viel Energie. Es war unvorstellbar, dass auch ich einmal mit solchem Ungestüm durchs Leben gegangen war, Brandy an meiner Seite. Jetzt konnte ich ihr gerade mal von meinem Bett aus ein paar Reste von meinem Abendessen hinhalten oder ihr kurz über die weichen Ohren streicheln. Ich liebte sie sehr, und wenn ich sah, wie es sie nach draußen zog, wäre ich am liebsten auf der Stelle aus dem Bett gesprungen, hätte die Tür zur Außenwelt aufgerissen und wäre geflohen, wäre wie früher mit ihr losgezogen, tief in den urwüchsigen Wald hinein.

Während mich die Energie meiner menschlichen Besucher erschöpfte, regte die Schnecke mich an. Mit ihrer Neugier und Anmut zog sie mich immer tiefer in ihre friedliche, einsame Welt hinein. Zu beobachten, wie sie in dem kleinen Ökosystem des Terrariums ihrer Wege ging, war entspannend. Ich begann über einen Namen für die Schnecke nachzudenken, schließlich war sie ein Individuum mit ganz eigenem Charakter. Aus dem Buch *Odd Pets* hatte ich gelernt, dass Schnecken Zwitter sind, was die Optionen etwas einschränkte. Aber ein Menschenname schien irgendwie nicht zu passen. Die Schnecke war nicht nur ein Einzelwesen, das ich nach und nach kennenlernte. Sie machte mich in einem weiteren Sinne mit ihrer ganzen langen gastropodischen Ahnenreihe bekannt, die zweifellos sehr weit in die Vergangenheit zurückreichte. Ins Terrarium zu schauen war, als begäbe ich mich in dieses frühe Zeitalter zurück. Aus meiner liegenden Position betrachtet, erschienen mir die Farne und Moose wie winzige Wälder und Felder, und wenn ich zusah, wie die Schnecke ihrem Leben nachging, kam es mir vor, als lebte sie in einer zeitlosen Welt ohne Veränderung. Wenn ich »Schnecke« sagte, erfreute ich mich jedes Mal am Klang dieses Wortes, das so schlicht und unauffällig ist wie das Tier selbst. Und so entschied ich mich, meiner Gefährtin doch keinen Namen zu geben, sondern sie weiterhin einfach als »die Schnecke« zu bezeichnen.

Angesichts ihrer geringen Größe bot sich der Schnecke im Terrarium ein riesiges Terrain mit unzähligen interessanten Ecken und Winkeln, die sie in aller Gründlichkeit erkunden konnte. Ich hingegen bewegte mich nur sehr selten aus der vertrauten Umgebung meines Bettzeugs hinaus. Ab und zu, wenn die Schnecke schlief und mich ein unwiderstehliches Bedürfnis nach Veränderung – egal zu welchem Preis – überkam, rollte ich mich langsam von der rechten auf die linke Seite. Dieser simple Akt führte zu heftigstem Herzklopfen, doch die Belohnung war ein völlig neuer Ausblick. Die andere Seite des Zimmers erstreckte sich vor mir wie eine Landkarte, die zahllose potenzielle, aber ferne Abenteuer aufzeigte, darunter – am verlockendsten – ein Fenster und eine Tür.

Natürlich war nichts davon in Reichweite. Ich konnte in eine Ecke des Badezimmers spähen, in dem, wie ich wusste, aber nicht sehen konnte, eine Löwenfußbadewanne stand. Allein der Gedanke an ein Bad, eines, das man als ganz normale, entspannende Gewohnheit nimmt, löste eine unendliche Sehnsucht in mir aus. Auf der anderen Seite des Zimmers stand ein Regal mit vielen Büchern, jeder Buchrücken in einer anderen Farbe, die Titel womöglich interessant, hätte ich sie denn entziffern können, doch sie waren zu weit weg. Es gab ein Fenster, aus dem ich hätte schauen können, wäre es mir möglich gewesen, aufzustehen. Und dann war da die Tür, die Tür zur Außenwelt.

War das wirklich eine Tür, die ich eines Tages öffnen und aus der ich hinaustreten würde, als wäre es völlig normal, in die Welt hinauszugehen? Ich betrachtete die Tür, bis sie mich an all die Orte zu erinnern begann, an die ich nicht gelangen konnte. Dann, leer und erschöpft von meinem kühnen Abenteuer, rollte ich mich langsam wieder auf die andere Seite, zurück zu dem kleinen Reich des Terrariums und dem winzigen Leben, das es barg.

DRITTER TEIL

Vergleiche

*Die Geschichte der ... Schnecke ist umfänglicher
erörtert worden als die des Elephanten, und ihre
Anatomie ist uns so gut, wenn nicht besser, bekannt
als die seyne; um jedoch nicht einem einzelnen
Gegenstande mehr Raum im Gesamtbilde der Natur
zu geben, als ihm zusteht, möge es hier genügen
anzumercken, dass die Schnecke für das Leben, das
zu führen ihr bestimmt, erstaunlich gut gerüstet ist.*

Oliver Goldsmith, *A History of the Earth and Animated Nature
[Historie von der Erde und der belebten Natur]*, 1774

7. Tausende Zähne

Das Maul der Schnecke ist mit einem
furchterregenden Instrument in Gestalt einer
bemerkenswerten, schwertartigen Zunge bestückt ...
(mit einer) riesigen Menge äußerst scharfer kleiner
Zähne ...
Die schiere Anzahl dieser Zähne ist unglaublich.

Dietetic and Hygienic Gazette
[Zeitschrift für Diät und Hygiene], 1900

Ich dachte damals, die Neigung meiner Schnecke, beim
Fressen sanft mit dem Kopf zu nicken, sei einfach eine
persönliche Eigenart, aber es steckte mehr dahinter. Jahre
später informierte ich mich grundlegender über das
Leben der Landschnecken. Ich bestellte per Fernleihe das
zwölfbändige Werk *The Mollusca [Die Mollusken]*, das
den gesamten Stamm der Mollusken – der wirbellosen
Tiere – abdeckte, vom Oktopus mit seiner fast menschlichen Intelligenz bis hin zur winzigen Schnecke.

Die wissenschaftliche Bezeichnung für die Schnecke –
eine Molluske mit einem einzelnen muskulösen Kriechfuß – ist »Gastropode«, was vom Lateinischen und Grie-
chischen abgeleitet ist und »Magen-Fuß« bedeutet. Der
Dichter Billy Collins beendet sein wunderbar schrulliges
Gedicht *Ausweichmanöver* mit folgenden Zeilen:

und dabei lauthals das Wort Gastropode sprach – und weil ich keine Ahnung hatte, was es bedeutete, nach unten ging und es nachschlug, um mich dann im Wald zu verstecken vor meiner Frau und unserem Hund.

Wenn Collins schon der Begriff »Gastropode« verblüffte, fragte ich mich, was für Überraschungen mich wohl in *The Mollusca* erwarteten. Die staubigen grauen Bände, die in ungeordneter Reihenfolge eintrafen, waren so schwer, dass ich sie gegen andere Bücher lehnte und auf der Seite liegend las. Ich ging sie langsam durch, las jeden Tag ein bisschen weiter und stellte fest, dass jegliches wissenschaftliche Gebiet, von der Biologie und Physiologie bis zur Ökologie und Paläontologie, voller Erkenntnisse über die Gastropoden steckte. Die Fülle an Informationen war verblüffend, angefangen mit der komplizierten Zahnanordnung bis hin zur Biochemie ihrer Schleimproduktion und den intimen Details ihres arteigenen Liebeslebens. Doch selbst in den vielen Bänden von *The Mollusca* fehlte eine bestimmte Sicht des Schneckenlebens. Dann entdeckte ich die Naturforscher des neunzehnten Jahrhunderts, unerschrockene Gesellen, die nichts dabei fanden, unzählige Stunden draußen im Freien mit der Beobachtung ihrer kleinen Forschungsobjekte zu verbringen. Und ich stieß auf verschiedene Dichter und Schriftsteller, die sich irgendwann in ihrem Leben von dem Leben einer Schnecke hatten faszinieren lassen.

Im vierten Jahrhundert vor Christus hielt Aristoteles in seiner *Historia animalium* fest, die Zähne der Schnecken seien »scharf, klein und fein«. Meine Schnecke hatte rund zweitausendsechshundertvierzig Zähne, weshalb ich Aristoteles' Beschreibung um das Wort »zahlreich« ergänzen würde. Die Zähne sind nach innen gerichtet, damit die

Schnecke beim Fressen fest zupacken kann. Mit durchschnittlich dreiunddreißig Zähnen pro Reihe und rund achtzig Zahnreihen bilden sie ein vielzahniges Band, die sogenannte Radula oder Raspelzunge, die ein bisschen wie eine Feile funktioniert. Das erklärte das Kopfnicken meiner Schnecke, während sie sich durch den Champignon futterte; ebenso erklärte es die seltsame quadratische Form der Löcher, die ich gefunden hatte. Während sich die vordere Zahnreihe abnutzt, wächst von hinten eine neue nach, sodass sich die Radula langsam nach vorne bewegt und sich im Laufe von vier bis sechs Wochen komplett erneuert. Die Radula ist den Ernährungsgewohnheiten der jeweiligen Schneckenart angepasst und kann ein Erkennungsmerkmal einer Spezies sein.

Als Besitzerin von gerade mal zweiunddreißig bleibenden Zähnen, die mir mein restliches Leben lang dienen mussten, empfand ich Neid auf die dentale Ausstattung meiner gastropodischen Gefährtin. Es schien weitaus sinnvoller, einer Spezies anzugehören, die einen natürlichen Zahnersatz entwickelt, als einer, die das Zahnarztwesen erfunden hatte. Nichtsdestoweniger gehörten Zahnarztbesuche zu meinen bevorzugten Abenteuern, denn da befand ich mich unweigerlich in liegender Position. Ich sah vor mir, wie ich mich in den Zahnarztstuhl zurücklehnte, den Mund öffnete und den Zahnarzt mit einer Radula von menschlichen Dimensionen überraschte.

Manche Schneckenarten sind räuberisch, einige sind sogar kannibalisch und bohren Löcher in die Gehäuse anderer Schnecken oder greifen sie direkt durch die Öffnung an. Diese Schnecken haben weniger, aber dafür schärfere Zähne, die sie, was irgendwie unheimlich ist, zur Seite klappen können, um im Mundraum mehr Platz für ihre Opfer zu schaffen.

Diese Eigenschaft fand ich richtig gruselig. Obwohl meine Schnecke nicht kannibalisch war, hätte ich weder ihr noch einer anderen Schnecke in Menschengröße begegnen wollen – was mich an Patricia Highsmiths Erzählung *Auf der Suche nach X. Claveringi* erinnerte. Avery Clavering, ein Zoologieprofessor, hört von den legendären menschenfressenden Schnecken Kuwas und macht sich in der Hoffnung, ihre Existenz zu beweisen, die Spezies nach sich zu benennen und berühmt zu werden, auf die Suche nach ihnen. Auf Kuwa angekommen, findet er abgefressene Baumwipfel vor und entdeckt wenig später eine über sechs Meter lange Schnecke, die ihn zu verfolgen beginnt. Er stellt sich vor, wie es wohl wäre, von zwei Schnecken verfolgt zu werden, und kommt zu dem Schluss, dass es nicht schwierig sein konnte, zwei »derart langsamen Wesen zu entkommen, zwei gemächlich kriechenden Exemplaren der … ja, der was? … *Carnivora* (wer weiß!) *Claveringi*«. Doch als tatsächlich eine zweite Schnecke auftaucht, kommt es zu der eigenartigsten und langsamsten Verfolgungsjagd, die je in der Literatur geschildert wurde. Von den Schnecken gleichmütig, aber gnadenlos gejagt, gehen Clavering irgendwann die Kräfte aus, und er sucht Schutz in einer Vertiefung zwischen einigen Felsen. Eine der Schnecken verschließt seine Zuflucht mit ihrem schleimigen Kriechfuß und erstickt ihn fast. Es gelingt ihm schließlich, ins Meer zu flüchten, doch die Riesenschnecken folgen ihm, und die Geschichte nimmt ihr grausiges Ende.

8. Teleskopfühler

*Die Fühler [der Schnecke] sind so ausdrucksvoll wie
die Ohren eines Maultiers, sie vermitteln den
Eindruck gleichgültigen Vergnügens, wenn sie
herunterhängen, und enormer Wachsamkeit, wenn
sie aufgerichtet sind, wie es der Fall, wenn die
Schnecke auf Wanderschaft ist.*

Ernest Ingersoll, *In a Snailery [Im Schneckengarten]*, 1881

Wenn meine Schnecke aktiv war, ragte ihr muskulöser
Kopffuß hervor, doch beim geringsten Anzeichen einer
Störung zog sie ihn in die größte, äußerste Windung des
Gehäuses zurück. Ihr weicher Körper, der die lebens-
wichtige Organe enthielt – Lunge, Herz, Magen-Darm-
Trakt –, war durch einen Mantel mit dem Gehäuse verbunden, der auch als Wasserspeicher diente. Sie konnte
ungefähr ein Zwölftel ihres Körpergewichts an Wasser
speichern und auf diese Weise ähnlich wie ein Kamel Tro-
ckenperioden überstehen.

Die Atmung meiner Schnecke vollzog sich zu etwa gleichen Teilen über die Haut und durch ein Atemloch, eine
kleine Öffnung rechts unter dem Kopf. Dieses sogenannte
Pneumostom ermöglicht einen Luftaustausch durch Dif-
fusion, es öffnet sich in größeren Abständen, etwa viermal
pro Minute, je nachdem, was die Schnecke gerade tut. Wir
Menschen müssen als homoiotherme – warmblütige –

Lebewesen eine konstante Körpertemperatur aufrechter-
halten, die Temperatur meiner poikilothermen – wechsel-
warmen – Schnecke hingegen passte sich ihrer jeweiligen
Umgebung an. So verbrauchte sie nur halb so viele Kalo-
rien wie ein Säugetier von vergleichbarer Größe.

Meine Schnecke war mit zwei Fühlerpaaren ausgestattet: Das untere Paar maß etwa sechs Millimeter, das obere
war ungefähr doppelt so lang und trug Augen. Die Schnecke konnte ihre Augen im Nu in die hohlen Fühler einzie-
hen und diese wiederum genauso schnell in ihren Kopf.
»Die erste verblüffende Eygenart [der Schnecke] ist, dass
das Thier seine Augen auf den Spitzen seiner größten
Fühlhörner hat«, verkündete Oliver Goldsmith 1774 in
seiner *A History of the Earth and Animated Nature*. Und
Ende des neunzehnten Jahrhunderts erklärte James Weir
in *The Dawn of Reason [Die Morgendämmerung der Ver-
nunft]* etwas präziser: »Die Augen der Schnecke sitzen in
teleskopischen Wachtürmen.«

Wenn meine Schnecke nach Futter suchte oder an einem
Champignon knabberte, zitterten und zuckten ihre Fühler
unablässig. Sie reckten sich verlockenden Gerüchen entgegen, wurden jedoch sofort zurückgezogen, wenn etwas
irgendwie unangenehm roch. Die Schnecke konnte ihre
Fühler einzeln in fast jede Richtung bewegen, bis zu einem
Winkel von neunzig Grad; sie schwang sie langsam vor
und zurück, hin und her, so wie ein Schiff im Dunkeln die
Suchscheinwerfer kreisen lässt, um Seezeichen zu erfas-
sen.

Während wir Menschen fünf Sinne haben und uns
hauptsächlich mithilfe der visuellen Wahrnehmung ori-
entieren, verlässt sich die Schnecke fast ausschließlich auf
drei Sinne: den Geruchs-, den Geschmacks- und den

Tastsinn, wobei ersterer der wichtigste ist. Hören konnte meine Schnecke nicht, sie lebte in einer Welt der Stille. Und ihre »Sicht« war äußerst eingeschränkt – nur eine grobe Wahrnehmung von Hell und Dunkel, die ihr bei der Orientierung half. Helles Licht konnte ein Hinweis auf eine heißere, trockenere und problematischere Umgebung sein; Dunkelheit deutete auf ein weniger gefährliches, kühleres und feuchteres Umfeld hin. Ein plötzlicher Schatten konnte sie vor einem Räuber warnen.

Es waren ihre mit Geruchs- und Tastrezeptoren versehenen Fühler, die meine Schnecke so intelligent und zielbewusst wirken ließen. Sie sind für das Überleben einer Schnecke von so wesentlicher Bedeutung, dass sie im Fall einer Verletzung nachwachsen können, so wie der Arm eines Seesterns. In einem Artikel mit dem Titel *Im Reich des Chemischen* erklärt David H. Freedman:

Die Landschnecke widmet ungefähr die Hälfte ihrer Hirntätigkeit dem Tasten und Riechen. Diese Aufgaben sind geschickt auf ihre beiden Fühlerpaare verteilt: Das eine [obere] Paar schwenkt die Schnecke durch die Luft, um Gerüche aufzufangen, das andere [untere] taucht sie zu einer letzten Überprüfung wie eine Zunge in vielversprechende Substanzen, ehe sie diese zu sich nimmt.

Mithilfe von Geschmacksknospen auf ihren unteren Fühlern konnte meine Schnecke salzig, bitter und süß unterscheiden. Die Tausenden von Chemorezeptoren auf ihren oberen Fühlern ähnelten denen in der menschlichen Nase. Schnecken »sehen« die Welt über den Geruch, so wie viele Insekten, und sie können über wenige in der Luft schwebende Moleküle Aromen ausmachen.

In ihrem natürlichen Lebensraum bestimmte meine Schnecke den Ursprung eines Geruchs und die Entfernung, aus der er herangetragen wurde, auf der Grundlage von Windgeschwindigkeit und -richtung. Durch mein Zimmer wehte kein Waldgeruch, und das Kaleidoskop von unbekannten Gerüchen – nach Menschen, Menschennahrung, Tee, Seife, Papier, Tinte – muss für die Schnecke, besonders als sie noch im Veilchentopf lebte, überraschend gewesen sein.

Im Gegensatz zur menschlichen Nase, die für ihre Absonderungen berüchtigt ist, sind die nasenartigen Fühler der Schnecke der einzige schleimfreie Teil ihres Körpers. Und anders als der Mensch mit seinen stationären, nebeneinander angeordneten Nasenlöchern hat die Schnecke durch ihre beiden voneinander unabhängigen Fühlernasen eine Art stereoskopischen Geruchssinn. Ich stellte mir vor, wie eine Gruppe Menschen, deren Arme vollständig von Geruchsrezeptoren bedeckt waren, durch die Innenstadt lief. Während sie an Cafés, Bäckereien, Restaurants vorbeigingen, wedelten ihre Arme heftig in Richtung der Düfte. Ein solcherart ausgestatteter Restaurantkritiker könnte nach einer ausladenden Armbewegung nicht nur über seine eigene Vorspeise, sondern auch über die der Gäste an den Nachbartischen berichten.

Zwar hatte die Schnecke also ein hoch entwickeltes Geruchssystem, doch fragte ich mich, wie sie wohl ein Leben so ganz ohne Bilder und Klänge erlebte. In ihrem heimischen Wald konnte meine Schnecke weder das Moos sehen, über das sie glitt, noch die Pflanzen, an denen sie hinaufkletterte. Sie konnte die Bäume nicht sehen und auch die Sterne am Himmel nicht. Sie konnte weder das Vogelgezwitscher bei Tagesanbruch hören noch das mitternächtliche Geheul der Kojoten. Sie konnte nicht einmal ihre eigenen Verwandten sehen, geschweige denn irgendwelche Räuber. Sie konnte ihre Welt nur riechen, schmecken und fühlen.

Helen Kellers Autobiografie *The World I live in [Meine Welt]*, in der sie aus ihrer eigenen, menschlichen Perspektive die unglaubliche Vielfalt von Tast- und Geruchseindrücken schildert, vermittelt wahrscheinlich noch am ehesten eine Vorstellung davon, wie die Schnecke ihre Umgebung wahrnahm:

> Ich könnte nicht sagen, ob mir das Riechen oder das Tasten die Welt besser erschließt. In den Strom der Tastwahrnehmungen münden immer und überall die Bäche des Geruchs …
>
> Tastwahrnehmungen sind dauerhaft und eindeutig. Gerüche wandeln sich und sind flüchtig, ihre Note, Intensität und räumliche Zuordnung verändern sich. Gerüchen eignet zudem etwas, das mir ein Gefühl für Entfernungen gibt. Ich möchte es Horizont nennen: die Linie, an der sich, da sie die äußerste Reichweite des Geruchssinns markiert, Geruch und Fantasie treffen.

Ich fragte mich, ob meine Schnecke einen »Geruchshorizont« hatte und wie weit wohl der Duft eines Pilzes durch die Luft getragen wurde. Die Navigation der Schnecke ist ein komplexer Vorgang, eine Reaktion auf ständig wechselnde Gerüche, Licht und Dunkel, die taktile Wahrnehmung von Luftbewegungen sowie, über die Berührungsrezeptoren in ihrem Kriechfuß, von Vibrationen und Unterschieden im Gelände. Auf diese Weise erforschte und erfasste die Schnecke den urwüchsigen Wald, aus dem sie stammte, ebenso wie die Kiste, auf der ihr Veilchentopf stand, und das Terrarium.

Ich sichtete Fachliteratur über Gastropoden, um mehr über meine Gefährtin zu erfahren. Ich fand heraus, dass Schnecken sehr empfindlich auf toxische Substanzen reagieren, die durch Umweltverschmutzung in ihre Nahrung geraten, und ebenso auf Veränderungen der äußeren Bedingungen – Temperatur, Feuchtigkeit, Wind, Vibration. Das konnte ich gut nachvollziehen, denn aufgrund meines dysfunktionalen vegetativen Nervensystems reagierte ich in diesen Bereichen ebenfalls sehr empfindlich.

Da ich die meisten Medikamente nicht vertrug, bekam ich Präparate in solch winzigen Dosen verschrieben, dass ein Apotheker einmal anmerkte, es komme ihm vor, als dispensiere er Arzneien für eine Maus. Die Regulierung meiner Körpertemperatur funktionierte nicht mehr. Im einen Moment fröstelte ich, im nächsten war mir heiß, insofern erschien mir das Leben eines Kaltblüters sehr verlockend. Vor meiner Krankheit hatte ich selbst bei Vollmond geschlafen wie ein Stein, nun war Schlaf, auch wenn es im Zimmer stockfinster war, fast unmöglich. Das Klingeln des Telefons durchfuhr meinen ganzen Körper mit der Wucht eines Tsunami, also stellte ich es ab. Ich konnte nur langsame, gleichförmige Musik anhören, einzeln hervorgehobene Töne empfand ich als quälend. Meine musikalische Unterhaltung beschränkte sich daher auf die Ruhe gregorianischer Gesänge in kaum hörbarer Lautstärke. Ich fragte mich, ob die Schnecke die Schallwellen spürte und wie es die Benediktiner wohl fänden, für einen Gastropoden zu singen.

9. Wundersame Spiralen

*Und wie die Schnecke, die durchs Land streyfft
unentwegt
Doch stets zu Haus ist, da ihr Haus sie bei sich trägt.*
John Donne, *To Sir Henry Wotton,* 1598

Wenn meine Schnecke schlief, betrachtete ich mit Freude die schöne Spirale ihres Gehäuses. Es war ein winziges architektonisches Meisterstück. Da der Radius der Spirale sich exponentiell vergrößert, entspricht er der Definition einer logarithmischen beziehungsweise gleichwinkligen Spirale. Auch als *spira mirabilis,* wundersame Spirale bekannt, ist sie die Ursache des vermeintlichen Meeresrauschens, das man hört, wenn man sich ein leeres Schneckenhaus ans Ohr hält: Außengeräusche, die in die gebogene Kammer gelangen, werden zwischen den Wänden hin und her geworfen und vermischen sich zu einem anhaltenden brandungsartigen Geräusch.

1905 hielt G. A. Frank Knight in der Perthshire Society of Natural Science einen Vortrag, in dem er bemerkte:

Das Phänomen der Windungen bei den Mollusken ist äußerst interessant und hat herausragende Wissenschaftler zu Forschungen angeregt ... Das Tier wird sich mit unfehlbarer Sicherheit eine Behausung erschaffen, die ... in der Gestaltung ihrer Windungen und ihren Propor-

tionen strikt den Prinzipien der Geometrie gehorcht ...
Spielraum besteht hinsichtlich der unendlich variablen
Folge der Windungen sowie ihrer Breite ... [doch] das
Gesetz der »logarithmischen Spirale« muss stets befolgt
werden.

In den meisten Sprachen bezieht sich das Wort, das die
Schnecke bezeichnet, auf die Spiralform ihres Gehäuses.
In Wabanaki, einer Sprache der amerikanischen Urein-
wohner, lautet das entsprechende Wort *Wiwilimeq,* was
»spiralförmiges Wassertier« bedeutet. Giovanni Francesco Angelita, ein italienischer Gelehrter, schrieb 1607
einen Aufsatz mit dem Titel *Über die Schnecke, und dass
sie ein Vorbild für das menschliche Leben sey.* Er preist die
bedächtige Gangart und gute Moral des Tiers, das ihm als
die Inspirationsquelle schlechthin für alles vom Menschen
geschaffene Spiralförmige gilt, vom Bohrer bis hin zu
Europas berühmtesten Treppen.

Während die Schnecke wächst, scheidet ihr Mantel an
der Öffnung des Gehäuses bestimmte Substanzen aus, mit
denen die Schale parallel zum Körperwachstum verlän-
gert und verbreitert wird. Das Gehäuse der Schnecke ist,
so wird der Naturforscher Searles Wood, der im neunzehnten Jahrhundert lebte, in dem fünfbändigen Werk
British Conchology zitiert, »ein wesentlicher Bestandteil
des Thiers«. Und Edgar Allan Poe kommentiert 1839 im
Vorwort zu *The Conchologist's First Book [Grundwissen für
Konchyliologen]* – in einer skurrilen Abweichung von seinen gewohnten Schauergeschichten –: »Dem *Verhältnis*
zwischen Thier und Gehäuse in ihrer wechselseitigen
Abhängigkeit kommt bei ihrer jeweiligen Untersuchung
größte Bedeutung zu.« Das Gehäuse meiner Schnecke
wies fünfeinhalb Windungen um den Mittelpunkt herum

auf. Die Wachstumslinien waren gut zu erkennen, und die fertige Schale war an der Öffnung elegant mit einer breiten cremefarbenen Mündungslippe abgeschlossen. Ob dieser gebogene Rand die Gehäuseöffnung verstärkte? Vielleicht stellte er ja auch eine Art natürliche Abflussrinne dar. Bald sollte ich erfahren, dass dieses Detail ein unumstößlicher Beweis für die Reife meiner Schnecke war.

In Italo Calvinos Buch *Cosmicomics* lässt sich in der Erzählung *Die Spirale* die erzählende Molluske über die Kunst des Schalenbaus aus und sinniert darüber, was es heißt, zum Teil aus Schale zu bestehen. Doch es war die gastropodische Erzählerin in Elizabeth Bishops Gedicht *Riesenschnecke,* die mich durch ihr Entzücken an ihrem eigenen Gehäuse so weit brachte, dass ich am liebsten auch eines gehabt hätte:

Ah, aber ich weiß, dass meine Schale schön ist, und hoch, und glasiert, und glänzend. Ich weiß es sehr wohl, obwohl ich es selber noch nicht gesehen habe. Ihr geschwungener Rand ist aus der feinsten Emaille. Innen ist sie glatt wie Seide, und ich, ich fülle sie perfekt aus.

Die Windungen eines Schneckenhauses sind asymmetrisch nach außen geneigt. Bei dem Gehäuse meiner Schnecke verliefen sie, wie gemeinhin üblich, rechts herum, mit der Öffnung auf der rechten Seite. Es gibt jedoch auch Schnecken, bei denen die Windung links herum verläuft. In seinem Vortrag vor der Perthshire Society nimmt uns G. A. Frank Knight auf eine architektonische Führung mit:

Stellen wir uns das Innere eines Schneckenhauses als eine Wendeltreppe vor, so befindet sich beim »Besteigen« einer Molluske mit rechtsgewundener Schale die »Achse« stets zu unserer Linken; bei einer Molluske mit linksgewundener Schale hingegen windet sich die ins Innere führende Treppe um eine Achse zu unserer Rechten.

Die Richtung der Windung wirkt sich auch auf die Beziehungen der Schnecke aus: Zur Paarung braucht sie einen Artgenossen mit gleich gewundener Schale.

Wenn das Gehäuse einer Schnecke beschädigt wird, kann es schnell repariert werden. Der Mantel scheidet neues Material dafür aus, und der Sprung oder Riss wird zu einer Art Narbe, die unseren Hautnarben ähnelt. Sogar ein herausgebrochenes Stück des Gehäuses kann ersetzt werden. Oliver Goldsmith hat das 1774 so beschrieben:

Manchmal sind diese Thiere dem Scheyne nach in Stücke geborsten, gantz und gar zerstört; doch dessen ungeachtet machen sie sich ans Werk und haben binnen weniger Tage sämmtliche Sprünge und Risse reparirt ... so dass ihr zugrunde gerichtetes Gehäuse vollauf wiederhergestellt ist. Doch sind die Fugen leicht zu erkennen, denn sie sind von einer frischern Farbe als der Rest, ja die gantze Schale ähnelt gewissermaßen einem alten Mantel voll neuer Flicken.

In einem 1852 erschienenen Artikel mit dem Titel *Shell Fish: Their Ways and Works [Schalentiere: Ihr Wirken und Wesen]* preist George Johnson das Schneckenhaus als »ein Gebäude, das es an Komplexität und zugleich Ordnung in den einzelnen Teilen sowie an Vollendung in der Kunst

der Oberfläche mit den schönsten je von Menschenhand errichteten Palästen aufnehmen kann, nein diese noch übertrifft«. Johnsons »Kunst der Oberfläche« bezog sich wahrscheinlich auf die bunten, glänzenden Gehäuse aus den Tropen. Das Gehäuse meiner Waldschnecke war zwar schön und von vollkommener Gestalt, doch seine Farbe war erdig und die Oberfläche von einem bescheidenen matten Glanz. Es war treffender mit dem Wort beschrieben, das auf Mandarin »bescheidene Behausung« bedeutet, nämlich wōjū oder 蜗居 – wörtlich heißt das »Schneckenhaus«.

Das Gehäuse meiner Schnecke, das mich an einen zusammengerollten Schlafsack erinnerte, wie auch ich ihn einst auf meinen Rucksack geschnallt hatte, war eine großartige Lösung für ein von Wanderlust geprägtes Leben. Und es hatte noch einen weiteren Vorteil: In der Antike bemerkte der Athener Dichter Philemon: »Welch ingeniöses Tier ist doch die Schnecke … Wenn sie in schlechte Nachbarschaft gerät, nimmt sie einfach ihre Behausung und zieht davon.«

Im Gegensatz zum robusten Gehäuse der Schnecke, das außen saß, befand sich meine stützende Struktur in meinem Innern. Doch die Knochen, aus denen mein Skelett bestand, verloren rapide an Dichte, und es gab kaum etwas, was meine Ärzte oder ich hätten tun können, um diesen Prozess aufzuhalten. Mein Status als Wirbeltier war im Begriff, sich im wahrsten Sinne des Wortes aufzulösen. Ich würde als weiches, rückgratloses Wesen enden, eher einem Gastropoden gleich als einem Säugetier. Und sofern meine Achselhöhlen nicht begannen, Schalensubstanz abzusondern, würde ich eher einer Nacktschnecke als einer Weinbergschnecke ähneln.

Ich betrachtete die gewundene Schale meiner Schnecke von außen, doch wie mochte es wohl sein, im Innern eines solchen Gebildes zu leben? Einen Monat vor Ausbruch meiner Krankheit hatte ich das Guggenheim Museum in New York besucht. Auf dem Weg zurück nach unten war ich auf halber Höhe der spiralförmigen Rampe im Innern des Rundbaus stehen geblieben. Mir schwindelte, wenn ich, die Windungen der Rampe über und unter mir, hinauf oder zum fernen Erdgeschoss hinab blickte. Jetzt versuchte ich mir vorzustellen, wie es wäre, im Verhältnis zum Guggenheim so groß zu sein wie die Schnecke im Verhältnis zu ihrem Gehäuse, sodass mein Kopf aus dem Eingang ragte und mein Körper sich innerhalb der Rotunde bis ganz nach oben wände.

10. Geheimrezepte

Mein breites Kielwasser glänzt, jetzt wird es dunkel.
Ich hinterlasse ein hübsches, schillerndes Band:
Das weiß ich.

Elizabeth Bishop, *Die Riesenschnecke*, 1969

Vor Hunderten Millionen Jahren entwickelten einige Meeresschnecken zufällig gewisse Eigenschaften, die es ihnen ermöglichten, an Land zu leben. Um in einem trockenen Lebensraum zu bestehen, mussten sie ihre Körper feucht halten. Während meine Säugetiervorfahren trockene Haut entwickelten, um der Dehydration vorzubeugen, ging die gastropodische Sippe meiner Schnecke einen anderen Weg und perfektionierte voller Hingabe den klebrig-dickflüssigen Schleim, auch Mukus genannt. Während der Homo sapiens Schleim in seinem Innern hat – und zwar mehr als gemeinhin vermutet –, ist es das extravagante Wesen der Gastropoden, äußerlich komplett von Schleim bedeckt zu sein.

Natürlich kann Schleim eklig sein, doch jetzt fiel mir zum ersten Mal auf, dass er durchaus auch interessant ist. Wie oft war ich nach der Gartenarbeit hineingegangen, um mir die Hände zu waschen, nur um festzustellen, dass sich die Erde zwar mit Wasser und Seife sofort entfernen ließ, den Schleimspuren von meinen unabsichtlichen Begegnungen mit Nacktschnecken – den weniger ästhetischen Verwandten meiner Schnecke – hingegen damit nicht beizukommen war: Sie hafteten an meinen Fingern wie Klebstoff. Ich brauchte Bimsstein oder sogar grobes Sandpapier, um das Zeug wegzukriegen.

Anders als man angesichts ihres Äußeren vermuten würde, stehen Nacktschnecken keineswegs auf einer niedrigeren Entwicklungsstufe als die Gehäuseschnecken, vielmehr hat sich ihre Schale im Laufe der Zeit zurückgebildet. Ohne Gehäuse können sie leichter ihre Gestalt verändern und sich besser in schmale Spalten zwängen.

Die Biologen C. David Rollo und William G. Wellington kommentierten ihre gastropodischen Forschungsobjekte einmal belustigt wie folgt: »Ein Beutel kaltes Wasser, der sich bloß rühren kann, wenn er undicht ist, sollte außerhalb eines Sumpfes eigentlich nicht lebensfähig sein.« Und dennoch blühen und gedeihen die Landschnecken, eben dank ihres Schleims.

Schleim ist die klebrige Essenz der Schneckenseele, das Medium für jegliche Lebensäußerung der Gastropoden: Fortbewegung, Verteidigung, Heilung, Liebesspiel, Begattung und Schutz der Eier. Fast ein Drittel des täglichen Energieaufwandes meiner Schnecke galt der Schleimproduktion. Und statt eine große Portion »Allzweckschleim« herzustellen, hatte meine Schnecke für jede dieser Aktivitäten und verschiedene Bereiche ihres Körpers ein ihrer Spezies eigenes Rezept. Wie ein guter Koch konnte sie die Zutaten den jeweiligen Erfordernissen anpassen. Und wenn eine Schnecke durch einen schlimmen Unfall zerquetscht wird, kann sie eine Flut von lebensrettendem, durch Antioxidantien und diverse regenerative Eigenschaften heilkräftigem Schleim absondern.

Beim Überfliegen des von dem Zoologen Mark Denny verfassten Kapitels *Die molekulare Biomechanik der*

Schleimabsonderungen von Mollusken in *Die Mollusken* stieß ich auf eine beeindruckende Alliteration, die mir im Gedächtnis haften blieb: »die makromolekulare Struktur des Mukus von Mollusken«. Die technischen Details überstiegen mein Begriffsvermögen, aber es ging ganz offensichtlich darum, wie das Zeug zusammenhält – wie eine gewisse Menge Wasser von etwas Salz und Glykoprotein reguliert wird. Voller Bewunderung erläutert Denny: »Wenn [der Schleim einer Molluske] umgerührt wird und die Rührbewegung endet, zieht er sich wieder zusammen und ... besitzt ausreichend Viskosität, um sich an einem Stück aus einem Becherglas gießen zu lassen.«

Meine Schnecke schied eine besondere Art von Schleim aus, auf dem sie sich fortbewegte: den Kriechschleim. Wenn sie übers Moos glitt, wirkte das völlig mühelos, kroch sie aber an der Glaswand des Terrariums hinauf, konnte ich sehen, wie winzige Wellen über die Unterseite ihres Fußes liefen. Diese Wellenbewegung verflüssigte den festen Schleim vorübergehend, sodass die Reibung verringert wurde und die Schnecke sich mit einer Geschwindigkeit von mehreren Zentimetern pro Minute vorwärtsbewegen konnte. Ihre einfüßige Fortbewegung hatte eine viel längere Geschichte als meine eigene zweibeinige oder die vierbeinige meines Hundes.

»Auf diesem Schleyme gleytet die Schnecke dahin ... wie auf einem Teppich«, schrieb Oliver Goldsmith. Der Zoologe T. H. Huxley, Autor von *Practical Biology [Einführung in die Biologie]*, schrieb 1902, die »wellenartigen Kontraktionen« des Schneckenfußes seien »so fein abgestimmt ... dass das Tier ganz bequem über eine messerscharfe Kante kriechen kann«.

Einige innovative Forscher in den Niederlanden haben sich von der schleimbasierten Fortbewegung der Schnecken inspirieren lassen. Sie arbeiten an der Entwicklung eines winzigen Roboters, der sich nach Art einer Schnecke durch die von Schleim bedeckten menschlichen Gedärme bewegen kann und Darmspiegelungen weniger unangenehm machen soll. Ich fragte mich, welche Eigenschaften der Schnecke wohl sonst noch in die Bionik Einzug halten würden.

Der Kriechschleim ist ein unglaublich wirksames Gleit- wie auch Haftmittel, was erklärt, warum meine Schnecke weiches Moos überqueren, kopfüber ein Blatt hinunterkriechen oder unter Missachtung der Schwerkraft hoch oben an der Glaswand des Terrariums schlafen oder an der Spitze eines Farnwedels hängen konnte. Bevor die Schnecke neben meinem Bett erschienen war, hatte mich die Idee der Deckenkunst beschäftigt. Ich hatte mir verschiedene Methoden ausgedacht, wie man Bilder sicher an der horizontalen weißen Fläche über mir befestigen könnte. Vielleicht war ja Schneckenschleim die Lösung.

Die Klebkraft von Schleim in Zusammenwirkung mit einem muskulösen Fuß bringt ein Lebewesen von olympischem Kaliber hervor, wie E. Sandford 1886 in *The Zoologist: A Monthly Journal of Natural History [Der Zoologe: Monatshefte zur Naturgeschichte]* dokumentiert:

Experimente zur Erprobung der Kraft von Schnecken

Als ich eines Abends beobachtete, wie eine ganz gewöhnliche Schnecke die Jalousie hinaufkroch, kam mir der Gedanke, zu erproben, welches Gewicht sie wohl hinter sich herziehen könnte … Ich befestigte vier

74

Garnrollen, die zufällig auf dem Tisch lagen, an ihrem Gehäuse ... Dann wog ich die gesamte Last und kam auf ein Gewicht von 67,5 Gramm, während die Schnecke selbst nur 7,5 Gramm wog. Sie konnte also das Neunfache ihres Eigengewichts heben! Dann führte ich ein Experiment mit einer anderen, etwas größeren Schnecke durch, die ungefähr 10 Gramm wog und ihre Last horizontal über den Tisch zog. Ich befestigte zwölf Garnspulen an ihr, außerdem eine Schere, einen Schraubenzieher, einen Schlüssel und ein Messer, was zusammen ein Gewicht von 510 Gramm beziehungsweise das Einundfünfzigfache ihres Gewichts ergab. Dieselbe Schnecke konnte mit einer an ihrem Gehäuse befestigten Last von 120 Gramm die Decke entlangkriechen. Als Nächstes ließ ich sie mit einer anderen, gleich schweren Schnecke im Schlepptau an einem ganz normalen, frei schwingend aufgehängten Faden hinaufklettern, was sie sichtlich mühelos bewältigte. Sodann erprobte ich sie an einem einzelnen, waagerecht gespannten Pferdehaar, doch die Überquerung dieser schmalen Brücke forderte sie schon ohne zusätzliche Last vollauf.

Wo blieb da der Tierschutzverein? Anscheinend achtete er nicht so genau auf Schnecken. Vielleicht war die Weigerung der größeren Schnecke, eine Last über das Pferdehaar zu ziehen, zumindest teilweise schlicht ihrer Erschöpfung nach der Teilnahme an so vielen Experimenten zuzuschreiben.

Schnecken nutzen oft ihre eigene Spur oder die einer anderen Schnecke ein weiteres Mal, um weniger Schleim produzieren zu müssen. Über Pheromone in der Spur können sie erkennen, ob diese sie zu einem Feind, Freund oder potenziellen Geschlechtspartner führt. Einige Landschnecken »galoppieren« sogar, indem sie den vorderen Teil ihres Kriechfußes anheben und dann nach vorn springen, sodass sie eine gestrichelte Spur hinterlassen. Auf diese Weise können sie Schleim sparen, aber auch einen Räuber überlisten. Die Schnecken einer bestimmten Art können sich, wenn sie Angst haben, auf dem hinteren Teil ihres Fußes aufrichten und rasante fünfundvierzig Zentimeter pro Minute vorwärtsgleiten.

Es war eine unbehagliche Vorstellung, von Kopf bis Fuß von solch einer glitschigen, klebrigen Substanz bedeckt zu sein. Aber meine Schnecke, so dachte ich mir, empfände wahrscheinlich eine ähnliche Aversion bei der Vorstellung, sich auf einem heißen Sandstrand zu sonnen. Die Evolution hat zu unseren gegensätzlichen Hautanatomien und in der Folge auch zu gegensätzlichen Ängsten geführt.

VIERTER TEIL

Das kulturelle Leben

*[Schnecken sind] mit den lebenswichtigen und zur
Sinneswahrnehmung erforderlichen Organen in
hinlänglicher Vollendung ausgestattet; sie werden
geschützt von einer Rüstung, welche leicht und
zugleych hart ist; sie sind so rührig, wie ihre
Bedürfnisse es erfordern; und sie haben
ausgeprägtere Gelüste als andere Thiere ... Kurz
gesagt, sie sind ein fruchtbarer, fleißiger Tribus ...
[Sie haben] ihre Flucht- und Angriffsfähigkeiten,
ihre Beschäfftigungen und Animositäten.*

Oliver Goldsmith, *A History of the Earth and Animated Nature*,
1774

11. Einsiedlerkolonien

Wo sie auch wohnt, wohnt sie alleyn
Hat nur sich selbst, nicht Schrank noch Schreyn,
Ihr gantzer Schatz sich selbst zu seyn Genügt ihr.
William Cowper, *The Snail [Die Schnecke]*, 1731

Da mir eine allein aus Champignons bestehende Ernährung zu monoton erschien, bereitete ich meiner Schnecke eine Mischung aus durchfeuchteter Maisstärke und Maismehl zu. Ich folgte damit einer Empfehlung aus einer Broschüre, die ich vom örtlichen Cooperative Extension Office zugeschickt bekommen hatte. Ein großer Fehler: Meine Schnecke überfraß sich. Fast taumelnd kletterte sie die Wand des Terrariums hinauf. Und dort oben blieb sie dann, unverkennbar mit Verdauungsproblemen geschlagen, stundenlang sitzen und sonderte aus sämtlichen Körperöffnungen Ausscheidungen ab.

Ich machte mir furchtbare Sorgen. Wie, so fragte ich mich ganz egoistisch, sollte ich meine Krankheit überstehen, falls sich meine Schneckengefährtin nicht von ihrer Maisstärkenvöllerei erholte? Es war eine elende Nacht für uns beide, und ich beschloss, ihr ab jetzt nur noch Natürliches zu fressen zu geben. Am nächsten Morgen stellte ich erleichtert fest, dass die Schnecke wieder normal im Terrarium herumkroch, und bald legte sie sich, wie es ihre Gewohnheit war, an einem Plätzchen im weichen Moos schlafen.

Eine Waldschnecke fühlt sich in der weichen Schicht aus organischen Abfällen, altem Laub und Mulm, die den Waldboden wie ein Teppich bedeckt, am wohlsten. Schnecken nehmen eine spezifische Nische im Ökosystem ein: Sie gelten als Reduzenten, da sie sich hauptsächlich von totem Material ernähren, dabei Wasser und Mineralien freisetzen und diese wieder dem Boden zuführen. Ein spezielles Enzym ermöglicht es ihnen, Zellulose zu verdauen, was die Vorliebe meiner Schnecke für Papier erklärt. Einheimische Waldschnecken fressen nur selten lebende Pflanzen, und wenn, dann sind es meist ältere, welkende Blätter. Viele Spezies mögen Algen und futtern glücklich und zufrieden Pilze, auch solche, die für Menschen giftig sind. Das Myzel – die unterirdisch wachsenden Pilzfäden – gehört zu ihren Lieblingsspeisen.

Die Nahrungssuche der Schnecken ist ein komplexer Vorgang; sie variieren ihre Ernährung, um sich ausgewogen mit Nährstoffen zu versorgen. Zwei Schnecken derselben Art am selben Ort können sich ein unterschiedliches Menü zusammenstellen. Unbekannte Nahrung fasziniert und lockt sie, aber sie sind vorsichtig: Erst untersuchen sie sie mit den unteren Fühlern, dann kosten sie ein klein wenig davon. Wenn keine unerwünschten Nebenwirkungen auftreten, kommen sie wieder und fressen eine größere Portion.

Auch Erde gehört zur Nahrung der Schnecke, sie enthält wichtige Nährstoffe wie Kalzium, das nicht nur zur Bildung und Reparatur des Gehäuses nötig ist, sondern auch zur Eiproduktion. Dieser Mineralstoff ist von solch entscheidender Bedeutung, dass die Schnecke nach derzeitigem Wissensstand als einziges Landlebewesen in der Lage ist, ihn über den Geruchssinn aufzuspüren. Als meine Pflegerin ein Häuflein zerdrückte Eierschalen ins

Terrarium legte, wedelte meine Schnecke so schnell wie nur schneckenmöglich mit den Fühlern und machte sich sofort auf den Weg, um die Eierschalen zunächst zu untersuchen und dann zu fressen. Die Stelle mit den Eierschalen war von da an einer ihrer bevorzugten Aufenthaltsorte.

Auch die Muschelschale mit dem Wasser war einer ihrer Lieblingsplätze. Normalerweise trank sie einfach aus dem flachen Becken, aber manchmal stieg sie auch hinein, schmiegte ihren Fuß an die ungleichmäßige Oberfläche der perlmuttfarbenen Schale und absorbierte das Wasser direkt durch die Haut.

Aktiv sind Schnecken vor allem ab Einbruch der Dunkelheit, wenn es kühler wird, und tagsüber nach einem kräftigen Regen, wenn die Feuchtigkeit die Fortbewegung vereinfacht und die Pilze sprießen lässt. Meine Schnecke war auch in der Wohnung an regnerischen Tagen aktiver als sonst. Als sie noch im Blumentopf lebte, muss sie, wenn ich die Veilchen goss, sehr erstaunt über diese örtlichen Regenschauer gewesen sein, die nie neue Vegetation oder neue Pilze hervorbrachten.

In der freien Natur entfernen sich die Schnecken meistens mit der Windrichtung von ihrem Tagesversteck und finden am nächsten Morgen dorthin zurück, indem sie vertrauten Gerüchen folgen. Bei ihren Erkundungszügen auf der Kiste hatte die Schnecke diese Fähigkeit, nach Hause zurückzufinden, täglich eingesetzt, um zu dem Blumentopf, dem einzig akzeptablen Schlafplatz, zurückzukehren. Das Terrarium hingegen bot ihr zahlreiche Verstecke, und sie nutzte sie alle.

Ältere Schnecken suchen in einer Nacht vielleicht in einem Umkreis von mehreren Quadratmetern nach Nah-

rung, jüngere dagegen dehnen ihre Streifzüge durchaus fünfmal so weit aus, auf der Suche nach neuen Futterquellen oder einem Gebiet, in dem sie eine eigene Kolonie bilden können. Viele Schnecken verbringen ihr ganzes Leben so nah dem Ort, wo sie geschlüpft sind, dass der Botaniker A. D. Bradshaw einmal anmerkte: »Ich muss sagen, Sie haben mich davon überzeugt, dass es sich [bei dieser Schneckenart] um eine Pflanze handelt.«

Schneckenkolonien werden oft durch die natürlichen Gegebenheiten des Geländes, auf dem sie sich befinden, begrenzt. Das Mikroumfeld einer Schneckenart kann sehr standortspezifisch sein, ein Hügel etwa oder ein Tal oder sogar ein Haufen Laub, der an einem liegenden Baumstamm zusammengeweht wurde, oder ein feuchter Bereich zwischen Felsen. Die Populationen können hundert Tiere umfassen, jedoch auch viel kleiner sein oder, wenn sich ein bestimmtes Gelände über mehrere Kilometer erstreckt, viel größer. Ich stellte mir eine Kolonie von Einsiedlern vor, die nachts jeder für sich auf Nahrungssuche gingen und tagsüber von den anderen abgeschieden schliefen.

Wenn ich daran dachte, welche Entfernung meine Schnecke im Verhältnis zu ihrer Größe zurücklegen konnte, erschien mir meine eigene Bewegungslosigkeit umso krasser. Und mein Leben wurde allmählich fast so einsam wie das meiner Schnecke. Die Monate verstrichen, und meine Freunde fanden es zunehmend schwierig, sich am Wochenende Zeit für die lange Fahrt zu mir zu nehmen. An vielen Tagen sah ich nur meine Pflegerin für je eine halbe Stunde zu den Mahlzeiten – ich war mehr und mehr von der Welt abgeschnitten.

Mein Bett war eine Insel im trostlosen Meer meines

Zimmers. Doch ich wusste, dass es in Dörfern und Städten auf der ganzen Welt noch andere Menschen gab, die durch Krankheit oder Verletzung ans Haus gefesselt waren. Und wie ich da in meinem Bett lag, fühlte ich mich mit ihnen allen verbunden. Auch wir waren eine Kolonie von Einsiedlern.

12. Mitternachtssprung

Du kleine Schnecke Eben noch zu mir gewandt
Wohin als nächstes?
Kobayashi Issa (1763 – 1827)

Ich erinnere mich an einen Sommer, in dem es mir noch besser ging. Mitten in einer schwülen Nacht erwachte ich, weil ich Durst hatte. Mit fast geschlossenen Augen, um dem Schlaf möglichst nah zu bleiben, ging ich barfuß über den Holzboden zum Wasserhahn in der Küche.

Plötzlich hing ich in der Luft, die Beine mit angezogenen Knien unterm Nachthemd, mein Körper ganz von selbst in die Höhe geschnellt. Einen ausgedehnten Moment lang verharrte ich so, meine Gedanken – nicht ganz so flink – noch auf das Wasser gerichtet.

Ich war auf eine Nacktschnecke getreten. Ich landete wieder auf den Füßen, jetzt hellwach, und kam schnell darauf, warum hier eine Nacktschnecke unterwegs war. Jasione, meine orangerote Maine-Coon-Katze, hatte tagsüber vermutlich an einem kühlen feuchten Plätzchen im Garten ein Nickerchen gehalten. Und wie es gelegentlich vorkam, war in ihrem feinen weichen Fell eine Schnecke hängen geblieben. Gut getarnt war sie auf ihrem Katzenreittier ins Haus getrabt. Jasione war es dann wohl bei ihrem abendlichen Putzritual gelungen, sie aus ihrem Fell zu entfernen. Einer Spinne hätte sie einen Hieb verpasst und sie gefressen, aber die durch ihren Schleim geschützte Schnecke wurde lebend entsorgt.

Nach Sonnenuntergang wurde es feuchter im Haus, und die Bedingungen für die gastropodische Fortbewegung verbesserten sich. Die Nacktschnecke kroch gemütlich über den Fußboden, ohne zu ahnen, dass ich, ein großes Säugetier, mich ihr im Dunkeln näherte. Obwohl sie selbst weniger als fünf Gramm wog, wehrte sie meine fünfzig Kilo problemlos passiv durch ihren Schleim ab und kroch ungestört weiter.

Was täte ich zu meiner Verteidigung und wie entkäme ich, wenn ich einem Tier begegnete – Patricia Highsmiths riesige fleischfressende Schnecken fielen mir wieder ein –, das im Verhältnis zu mir so groß war wie ich im Verhältnis zur Nacktschnecke? Mir fiel keine passive menschliche Verteidigungsmethode ein, die so genial war wie der Schleim der Schnecken.

Hinsichtlich ihrer Körpergröße sind die Säugetiere eine Anomalie, denn die überwiegende Mehrheit der auf der Erde existierenden Tierarten ist so klein wie die Schnecken oder kleiner. Es ist fast so, als besetzte man, unabhängig von seinem jeweiligen Reich, eine umso wichtigere Nische, je kleiner man ist und je weiter unten auf dem Baum des Lebens man angesiedelt ist: Schnecken und Würmer erzeugen Erde, blaugrüne Algen Sauerstoff; die Säugetiere erscheinen da vergleichsweise verzichtbar, ein Ergebnis des zufälligen Verlaufs der Evolution über einen verschwenderisch langen Zeitraum.

Vor dreieinhalb Milliarden Jahren, als das Leben auf der Erde seinen Anfang nahm, hatten die Schnecke und ich einen gemeinsamen Vorfahren, einen einfachen Wurm, aus dem im Lauf der Zeit zwei Gruppen von Lebewesen

hervorgingen. Aus den Urmündern, bei denen sich in der Embryonalphase zunächst der Mund und dann der Anus herausbilden, gingen die Gastropoden und damit auch meine Schnecke hervor. Und aus den Neumündern, die die gleichen Attribute entwickeln, peinlicherweise allerdings in der umgekehrten Reihenfolge, nämlich erst den Anus und dann den Mund, gingen die Säugetiere hervor, darunter auch der Homo sapiens.

Die Schnecke und ich hatten beide Eingeweide, Herz und Lunge, wobei meine Lunge im Gegensatz zu ihrer aus zwei Flügeln bestand. Doch da endete die Ähnlichkeit auch schon. Wenn ich ihre ulkigen teleskopischen Augennasen, ihre bandartigen Zahnreihen, ihre schleimige Haut und ihr Gehäuse betrachtete, konnte ich kaum glauben, dass wir auf demselben Planeten entstanden sein sollten. 1862 schrieb Charles Darwin an den Geologen Charles Lyell: »Mir scheinen Säugetiere & Mollusken zu weit voneinander entfernt, um sie ernsthaft vergleichen zu können.«

Die Evolution einer Spezies ist nicht zuletzt durch ihre ganz eigene Geschichte viraler und bakterieller Krankheitserreger geprägt. Indem sie die zelluläre DNA umarrangieren, können Krankheitserreger Gene ein- und ausschalten und somit die Eigenschaften künftiger Generationen einer Spezies beeinflussen. Luis P. Villarreal, Direktor des Center für Virus Research, vertritt die These, dass selbst gewöhnliche, allem Anschein nach gutartige Viren die menschliche Kognition und Sozialisation beeinflusst haben könnten. Und auch der Virologe Thierry Heidmann bringt wie Villarreal die Entwicklung der Plazenta – ohne die wir Menschen Eier legen würden – mit Viren in Verbindung. Ich fragte mich, ob in meinem eigenen genetischen Code DNA für andere tierische Eigenschaften verborgen sein mochte. Wir alle haben Gene, die aus unerfindlichen Gründen »ausgeschaltet« sind; vielleicht wird die Wissenschaft eines Tages herausfinden, wie sich die entsprechenden Schalter umlegen lassen, und dann werden wir in der Lage sein, uns interessante tierische Eigenschaften auszusuchen: einen Schwanz, gestreiftes Fell, Flügel oder auch Gastropodenfühler.

Und wie, so fragte ich mich, hatte der mysteriöse Virus, der mich zu Fall gebracht hatte, das Leben in den Zellen meines Körpers verändert? Würde es jemals einen Schalter geben, den ich umlegen könnte, um auf einen Schlag meine Gesundheit wiederzuerlangen? Die Vorstellung war äußerst verlockend.

Ich fraß mich weiter durch meine verstaubte Mollusken-Fachliteratur und erfuhr, dass die Gastropoden – die achtzig Prozent der Mollusken ausmachen – eine der erfolgreichsten Gattungen überhaupt sind. Sie existieren seit einer halben Milliarde Jahren und haben mehrere Massenaussterbeereignisse überlebt beziehungsweise sich danach von Neuem entwickelt. Sie sind in fast jedem Lebensraum der Erde heimisch. Fünfunddreißigtausend heute existierende Arten von Landschnecken sind dokumentiert, Zehntausende weitere noch nicht identifiziert. Die meisten von ihnen sind mikroskopisch klein, wie Ernest Ingersoll in seinem 1881 veröffentlichten Essay *In a Snailery* schreibt: »Manche [Arten von Schnecken] sind so klein, dass sie nicht einmal das ›o‹ in diesem Text verdecken würden.«

Mögen wir Menschen auch meinen, wir gäben auf diesem Planeten den Ton an – die Fakten sprechen eindeutig dagegen. Die bescheidene Schnecke und ihr Clan hinterlassen schon weit länger ihre (klebrigen) Spuren auf dieser

Erde als wir jüngeren Lebewesen. Für mich war es offensichtlich, dass eigentlich die Gastropoden die Schlagzeilen der *New York Times* beherrschen und die Säugetiere, insbesondere der Mensch, auf die hinteren Seiten verbannt werden müssten. Andererseits würde meine Schnecke mit ihrer vielzahnigen Raspelzunge, ihrem Enzym zur Zelluloseverdauung und ihrem fehlenden Sehvermögen die *New York Times* vermutlich eher fressen als lesen.

Wie konnten die Landschnecken mit einem in Metern messbaren Streifgebiet und einer Fortbewegungsgeschwindigkeit von mehreren Zentimetern pro Minute die fünf Kontinente besiedeln? Wie sich zeigte, war es nicht nur meine Katze, die Schnelltransporte von Gastropoden durchführte. Der Malakologe – Weichtierforscher – Tim Pearce ist auf Schnecken spezialisiert. Er hat die nächtlichen Ausflüge einer Gruppe von Schnecken verfolgt, in dem er jeweils einen Faden an ihrem Gehäuse befestigte. Eine der Schnecken wurde von einer Spitzmaus lebend siebenundzwanzig Meter weit transportiert und landete fast einen Meter tief unter der Erde in einem Bau.

Vor hundertfünfzig Millionen Jahren wurden die Vorfahren meiner Schnecke wahrscheinlich ab und zu unbeabsichtigt von fünfzig Tonnen schweren Dinosauriern irgendwohin getragen. Diese größten aller Reittiere sorgten vermutlich auch für wahre Schneckenfestmahle, denn aus Fossilienfunden geht hervor, dass Schnecken gern Dinosauriermist verzehrten. Im Zeitalter der nordamerikanischen Megafauna, die vor dreizehntausend Jahren endete, ließen sich Schnecken möglicherweise von laubfressenden Riesenfaultieren, Elefanten sowie von Löwen, Geparden und mächtigen Säbelzahntigern, den schnellsten ihrer Reittiere, durch die Gegend tragen.

Doch keine dieser Fortbewegungsmethoden erklärt,

wie Landschnecken entlegene Inseln besiedeln konnten, eine Frage, die Charles Darwin schier verzweifeln ließ. Am 28. September 1856 schrieb er an den Naturforscher Philip Gosse: »Die Transportmittel ... der Landmollusken stellen mich vor ein Rätsel.« Und ein paar Tage später erklärte er in einem Brief an seinen Cousin, den Naturforscher William Fox: »Kein Thema bereitet mir solche Mühe & Zweifel & Schwierigkeiten wie [ihre] Verbreitung ... auf die oceanischen Inseln. – Die Landmollusken machen mich wahnsinnig.« Das taten sie offenbar wirklich, denn im folgenden Dezember klagte Darwin in einem Brief an den Botaniker Joseph Hooker: »Seit fünfzehn Monaten quälen & verfolgen mich die Landmollusken.«

Wie er später, nämlich 1859 in der *Entstehung der Arten* festhielt, »kam mir der Gedanke, daß Landschnecken, im Zustande des Winterschlafs und mit einem Deckel auf ihrer Schaalenmündung, in Spalten von Treibholz über ziemlich breite Seearme müßten geführt werden können«. Hier setzte er an, um seine Forschungen wie bewährt durch Experimente fortzuführen: Er füllte mehrere Behälter mit Meerwasser und besorgte sich eine Anzahl im Winterschlaf befindlicher Schnecken. Über eine von ihnen schreibt er:

Nachdem sie sich wieder zur Winterruhe eingerichtet hatte, legte ich sie noch zwanzig Tage lang in Seewasser, worauf sie sich wieder vollständig erholte. Während dieser Zeit hätte sie von einer Meeresströmung von mittlerer Geschwindigkeit in eine Entfernung von sechshundertsechzig geographischen Meilen fortgeführt werden können.

Sehr erleichtert angesichts dieser möglichen Erklärung, vertraute Darwin Joseph Hooker an: »Ich fühle mich, als wäre ein Gewicht von tausend Pfund von meinen Schultern genommen«, schließt allerdings in der Entstehung der Arten: »Es ist indeß durchaus nicht wahrscheinlich, daß Landschnecken oft in dieser Weise transportirt worden sind; die Vogelfüße sind ein wahrscheinlicheres Transportmittel.«

Darwins Verbreitungstheorie erwies sich als richtig: Es kommt vor, dass Schnecken im Gefieder von Zugvögeln als blinde Passagiere weite Strecken zurücklegen. Für kürzere Flüge hängt sich eine kleine Schnecke auch mal an das Bein einer Biene oder an das Material, das ein Vogel für den Nestbau verwendet.

An einem Herbstblatt haftend, kann eine Schnecke vom Sturm davongeweht werden und auf ihrem fliegenden Teppich schließlich an einem fernen Ort wieder landen. Man nimmt sogar an, dass mikroskopisch kleine Schnecken vom Wind emporgetragen werden und mit Luftströmungen immer höher in die Erdatmosphäre steigen können. Sie können auf diese Weise ungeahnte Entfernungen zurücklegen und schließlich mit einem Regenguss wieder auf die Erde gelangen, unter idealen Bedingungen also für die Fortbewegung auf Kriechschleim und die Suche nach frischen Pilzen.

In den Hunderten von Millionen Jahren des Reisens mit Vögeln, Wasser und Wind hatte die Familie meiner Schnecke auch den Wald in meiner Nähe besiedelt. Es war Zufall, dass der Weg meiner Schnecke genau in dem Moment einen vom Menschen angelegten Weg gekreuzt hatte, als eine Freundin von mir – die Sorte Freundin, die wegen einer Schnecke stehen blieb – vorbeikam. So

umfasste die Geschichte der gastropodischen Fortbewe-
gung nun auch die unerwartete Reise meiner eigenen
Schnecke, die mit dem Transportmittel Mensch an mein
Bett gelangt war.

13. Die Gedanken einer Schnecke

Warum solch langes
Gründliches Überlegen
Du kleine Schnecke?
Kobayashi Issa (1763 – 1827)

Ich war mir sicher, dass meine Schnecke die Einzelheiten ihrer Welt genauso deutlich wahrnahm wie ich die der meinen, also begann ich mir Gedanken über ihre Intelligenz zu machen. Ich kroch weiter voran durch die Gastropoden-Fachliteratur und gelangte zu der Stelle, wo das Gehirn der Schnecke beschrieben wird, das je nach Art fünftausend bis hunderttausend Riesenneuronen umfasst.

Schnecken haben ein Gedächtnis, sie können neue Gerüche und Geschmäcke kennenlernen, das Wissen darum wochen- oder auch monatelang bewahren und ihr Verhalten entsprechend anpassen. »Zu viele Menschen glauben, die Schnecken … hätten überhaupt kein Gehirn«, schreibt der Malakologe Ron Chase. Wie bei den Menschen lernen auch bei den Schnecken die älteren langsamer als die jüngeren. Es gibt zahlreiche Situationen, die für Schnecken bedrohlich sind, und selbst Wissenschaftler verwenden inzwischen das Wort »Angst«, um zu beschreiben, wie die Gastropoden auf Gefahr reagieren.

1888 hat ein unbekannter Autor in einem Aufsatz mit

dem Titel *Schnecken und ihre Gehäuse* erklärt, der Schnecke fehle es »keinesfalls an Intelligenz, vielmehr ist sie der lebende Beweis für den Aphorismus, dass stille Wasser tief sind«. Lorenz Oken, ein deutscher Naturforscher aus demselben Jahrhundert, schrieb in seinem *Lehrbuch der Naturphilosophie* geradezu schwärmerisch:

> Bedächtlichkeit, Vorsicht sind die Gedanken der [Schnecke] … Welche Majestät in einer kriechenden Schnecke, welche Ueberlegung, welcher Ernst, welche Scheu und zugleich welch festes Vertrauen! Gewiß, eine Schnecke ist ein erhabenes Symbol des tief im Innern schlummernden Geistes.

Auch heutige Malakologen scheinen sich der Komplexität des Lebens der einzelnen Schnecke bewusst zu sein. »Um das Leben einer Gehäuse- oder Nacktschnecke wirklich verstehen zu können, muss man die ganze Lebensgeschichte berücksichtigen«, erklärt A. J. Cain in dem von ihm verfassten Kapitel *Ökologie und Ökogenetik der Landmolluskenpopulationen* in *The Mollusca*. Die Biologen Teresa und Gerald Audesirk wiederum bemerken in ihrem Kapitel *Das Verhalten gastropodischer Mollusken* ähnlich respektvoll an: »Je mehr die Forscher lernen, wie Schnecken zu denken …, desto erstaunlichere Lernleistungen [der Schnecken] treten zutage.«

Eine Schilderung des Verhaltens einer Schnecke, die in eine schwierige Lage geraten war, faszinierte mich ganz besonders. Sie war in *Mental Powers and Instincts of Animals [Geisteskräfte und Instincte der Tiere]* zu finden, einem Kapitel von Charles Darwins *Manuskript Natural Selection [Natürliche Zuchtwahl]*:

Mr. W. White … klemmte eine Landschnecke mit der Gehäuseöffnung nach oben in einen Felsspalt … binnen kürzester Zeit streckte sich das Thier zu seiner äußersten Länge & versuchte, indem es seinen Fuß oberhalb vertikal anheftete, die Schale in eine gerade Position zu ziehen; daraufhin ruhte es sich einige Minuten aus, reckte seinen Körper auf die rechte Seite & zog, so fest es vermochte, doch vergebens; es ruhte sich abermals aus, streckte dann den Fuß zur linken Seite, zog mit aller Kraft & befreite die Schale. Diese Kraftausübung in drei Richtungen, die so eindeutig dem Prinzip der Geometrie zu folgen scheint, erfolgte möglicherweise instinctiv.

Wenn ich in einem Felsspalt feststeckte, würde ich mich auf ähnliche Weise zu befreien versuchen. Was die unbeantwortbare Frage aufwirft, wo der Instinkt endet und der Intellekt beginnt. Meine Schnecke lebte ihr Leben von einem Moment zum nächsten, ganz ähnlich wie ich, sie traf Entscheidungen – oder war unentschieden – hinsichtlich Futter, Unterschlupf und Schlaf. Wenn eine Schnecke lernen und sich erinnern kann, dann denkt sie – zumindest auf einer gewissen Ebene; davon war ich überzeugt. Und bis zum Beweis des Gegenteils (vorzugsweise durch eine Schnecke), werde ich an dieser Überzeugung festhalten. Das Leben einer Schnecke ist, so sehr wie jedes andere, von dem ich weiß, von leckerem Essen, mehr oder weniger bequemen Schlafplätzen und einer Mischung aus erfreulichen und weniger erfreulichen Abenteuern erfüllt.

Abgesehen von ihren bemerkenswerten Liebesbeziehungen, über die ich bald mehr erfahren sollte, leben Schnecken solitär. Ihr Verhalten gilt als mäßig komplex, einfacher als das von Säugetieren und Insekten, aber wei-

ter fortentwickelt als das von Würmern. Ich fragte mich, ob Schnecken miteinander kommunizierten. In *Die Abstammung des Menschen* schilderte Darwin die Beobachtungen eines Wissenschaftlerkollegen:

Mr. Lonsdale theilt mir mit, dass er einmal ein Paar Landschnecken (Helix pomatia), von denen die eine schwächlich war, in einen kleinen und schlecht versorgten Garten gethan habe. Nach einer kurzen Zeit war das kräftige und gesunde Individuum verschwunden und konnte nach der schleimigen Spur, die es hinterlassen hatte, über die Mauer in einen benachbarten gut versorgten Garten verfolgt werden. Mr. Lonsdale folgerte daraus, dass es seinen kränklichen Genossen verlassen habe; aber nach einer Abwesenheit von vierundzwanzig Stunden kehrte es zurück und theilte offenbar das Resultat seiner erfolgreichen Entdeckungsreise seinem Gefährten mit, denn beide machten sich nun auf denselben Weg und verschwanden über die Mauer.

Berührten sich diese beiden Schnecken mit den Fühlern? Und falls ja, welche Informationen wurden durch Körperkontakt und Geruch ausgetauscht? Hielte sich eine einzelne Schnecke, wenn sie die Wahl hätte, nicht lieber in der Nähe einer Artgenossin auf, um die Fortpflanzung und den Erhalt des Erbguts zu sichern? Zwar gehen die heutigen Malakologen davon aus, dass Schnecken sich nicht dauerhaft binden, doch eröffnet Lonsdales Bericht, so er denn stimmt, durchaus die Möglichkeit, dass bei den Gastropoden Verwandtenselektion stattfindet, denn eine Schnecke, die zu krank ist, um ihren eigenen Kriechschleim zu produzieren, könnte auf der Spur eines Gefährten leichter Fressen und Unterschlupf finden.

Blattlauseltern warnen ihre winzigen Nachkommen vor Räubern, indem sie das Blatt, auf dem sie leben, in Vibration versetzen. Und obwohl man bisher davon ausging, dass sich Ameisen nicht über akustische Signale verständigen, haben Wissenschaftler kürzlich entdeckt, dass einige Ameisenarten über Substratschall kommunizieren. Auch wenn die Welt der Schnecken geräuschlos ist, schließt das andere Kommunikationsmethoden nicht aus. Der Biologe Roman Vishniac war immer wieder erstaunt über die individuell ausgeprägten Persönlichkeiten der mikroskopisch kleinen Lebewesen in einem Tropfen Teichwasser und deren Beziehungen und Kämpfe. Wie soll eine Spezies, und sei es die unsere, je wirklich ergründen können, auf welchem Wege eine andere Spezies oder Gruppe von Tieren interagiert?

Ich respektierte die Intelligenz meiner Schnecke, insofern verstörte mich die Lektüre der von der Cooperative Extension herausgegebenen Literatur zur Schneckenzucht. Im Laufe der Jahrtausende haben Schnecken als gesunde Nahrung sowie als Heilmittel gegen fast jegliches Leiden gedient. Doch es war ein ungutes Gefühl – insbesondere nach dem Zwischenfall mit der Maisstärke –, zu erfahren, wie man Schnecken mästete. Ich vermied es, beim Lesen zu meiner kleinen Gefährtin hinüberzuschauen, und hoffte inständig, sie möge nicht zu einer Art gastropodischen Telepathie fähig sein beziehungsweise, falls sie es doch war, erkennen, dass sie mir lebendig am nützlichsten war.

Die Römer hatten keine derartigen Skrupel; sie setzten Schnecken in paradiesartigen Gärten mit üppiger Vegetation aus, die von unüberwindlichen Wassergräben umgeben waren, sodass alle Bedürfnisse der Schnecken gestillt wurden, eine Flucht aber unmöglich war. Wobei ich als Zuchtschnecke die frische Biokost der Römer der heutigen Ernährung mit Maismehl aus chemisch gedüngtem Genmais allemal vorziehen würde.

Zuchtschnecken, die mit ihrem Los nicht zufrieden waren, haben immer wieder Wege gefunden, zu fliehen. Mitte des neunzehnten Jahrhunderts beschrieb Sir George Head den ausgeprägten Selbsterhaltungstrieb von Schnecken, die auf einem Straßenmarkt in Rom zum Verkauf angeboten wurden: »Der Besitzer«, so Sir George, »muss äußerste Wachsamkeit und Geschicklichkeit aufbringen, um ihre unablässigen Versuche, über den Korbrand davonzukriechen, zu vereiteln.«

In einem Prospekt des US-amerikanischen Landwirtschaftsministeriums steht, dass eingesperrte Schnecken sich zusammenschließen und mit vereinten Kräften fliehen können. Ich stellte mir Hunderte dicht an dicht in Transportkisten gepackte Schnecken vor, unterwegs zu einem Restaurant, in dem Schneckengerichte die Speisekarte zieren und die Tiere von kochendem Wasser erwartet werden. Einig in ihrem Ziel, tun sie sich zusammen, drücken mit ihren muskulösen Köpfen gegen den Kistendeckel und sprengen ihn weg, um sodann langsam, aber stetig der Freiheit entgegenzukriechen.

14. Tiefschlaf

»Ich gehe in mich selbst hinein, und dort bleibe ich.
Die Welt geht mich nichts an!«
Und damit begab die Schnecke sich in ihr Haus
hinein und verkittete dasselbe.

Hans Christian Andersen,
Die Schnecke und der Rosenstrauch, 1861

Wenn eine Schnecke mit dem Nahrungsangebot unzufrieden ist oder unter dem Wetter leidet, begibt sie sich in einen winterschlafähnlichen Ruhezustand. Ihr Herzschlag verlangsamt sich auf wenige Schläge pro Minute, und die Sauerstoffaufnahme reduziert sich im Vergleich zu ihrem aktiven Zustand auf ein Fünftel. Vielleicht lag es an der Kombination von meiner Schlaflosigkeit und dem raschen Verfliegen meiner nicht nutzbaren Zeit, dass mir von allen im Lauf der Evolution erworbenen Eigenschaften der Schnecke diese Fähigkeit, sich wenn nötig in einen Ruhezustand zu begeben, die erstrebenswerteste schien. Wie Dornröschen ist eine Schnecke in der Lage, so lange in ihrem Schlafzustand zu verharren, bis die äußeren Bedingungen günstig sind – allerdings erwacht sie dann unter Umständen wie Rip Van Winkle in einer veränderten Welt.

Wird während der Sommermonate das Wetter zu trocken, windig oder heiß oder die Nahrung knapp, begeben sich manche Schnecken in den sogenannten Sommerschlaf. Sie klettern einen Baum, eine kleinere Pflanze oder eine Mauer hinauf, um sich von der Bodenwärme zu entfernen und vor bestimmten Räubern oder Überschwemmungen in Sicherheit zu bringen. An einem geschützten Platz heftet sie sich mit Schleim fest, und zwar meistens mit der Gehäuseöffnung nach oben, wohl um einen Wetterumschwung schneller zu bemerken. Dann verschließt sie die Öffnung mit einer Art temporärer Schutztür aus Schleim. Dieses sogenannte Epiphragma schützt sie vor Veränderungen von Temperatur und Feuchtigkeit. Eine Schnecke kann wochen-, monate-, ja sogar jahrelang in der Sommerruhe verharren.

Im Winter mit seinen kälteren Temperaturen und kürzeren Tagen begeben sich die Schnecken in den Winterschlaf, wozu manche von ihnen Jahr für Jahr an denselben Ort zurückkehren. 1835 beschrieb William Kirby in seiner Abhandlung *On the History, Habits and Instincts of Animals [Über die Geschichte, Gewohnheiten und Instincte der Thiere]* die Vorbereitungen zum Winterschlaf:

Schnecken hören auf zu fressen, wenn sie die erste Herbstkühle spüren … und beginnen mit den Vorbereitungen für ihren winterlichen Rückzug … Jede baut sich … eine Höhle, die groß genug ist, um ihr Gehäuse zu umfassen. Die Art und Weise, wie sie dies thut, ist bemerkenswert: Sie versieht ihre Kriechsohle mit einer beträchtlichen Menge ihres Schleims, so dass eine gute Portion Erde und trockenes Laub daran haften bleiben, die sie sodann zu einer Seite hin abschüttelt; eine zweite Portion wird auf die nämliche Weise gesammelt und abgelegt, und so fort, bis sie eine Art Mauer um sich herum errichtet hat … Sie presst sich gegen die Seiten, um dieselben zu glätten und festigen. Die Kuppel oder

Abdeckung wird auf die nämliche Weise gebildet … Solcherart erbaut sie ihr Winterquartier, und indem sie ihren Kriechfuß als Schaufel verwendet, um ihren Mörtel zu mischen, als Tragmulde, um ihn zu transportiren, und als Kelle, um ihn gebührlich und gleichmäßig zu verstreichen, vollendet sie schließlich ihr Werk und bezieht ihr lauschiges, warmes Quartier.

Hat die Schnecke diesen ihrer Gestalt angepassten Unterschlupf bezogen, bildet sie nicht wie für die Sommerruhe ein dünnes, sondern ein dickes Epiphragma, je nach Schneckenart und Strenge des Winters auch gleich mehrere, wie Ernest Ingersoll in *In a Snailery* beschreibt:

Das Thier zieht sich in sein Gehäuse zurück und verschließt die Öffnung mit einer Membran aus Schleim, die so fest wird wie ein Trommelfell. Wenn es draußen kälter wird, zieht sich die Schnecke noch etwas weiter zurück und bildet ein weiteres »Epiphragma«, und so fort, bis … das Thier gemüthlich eingerollt in den tiefsten Tiefen seines Domicils ruht.

Diese Schleimdeckel, erklärt der Autor von *Schnecken und ihre Gehäuse*, »funktionieren nach dem Prinzip des Doppelfensters; jedes Deckelpaar umschließt eine Luftschicht, wodurch [die Schnecke] wirksam vor der Kälte geschützt ist«.

Das Epiphragma faszinierte mich. Je nach Art der Schnecke und den örtlichen klimatischen Bedingungen wird es unterschiedlich gestaltet. Es kann dünn und schlicht sein oder dick und aufwendig konstruiert. Mal ist es mit gezielt platzierten Atemlöchern versehen, mal ist es luftdurchlässig. Der Bau dieser kleinen Türen ist eine Wissenschaft für sich, und das zu Recht. Mag sie auch nicht für die Dauer gedacht sein, so kann eine stabile Tür bei ungünstigen Wetterbedingungen doch über das Leben einer Schnecke entscheiden. Ein Epiphragma ist etwas Persönliches, und es ist eine klare Aussage: Die Schnecke ist zu Hause, will aber nicht gestört werden.

Bei länger anhaltendem Tageslicht und steigenden Temperaturen endet die Winterruhe. »Nachdem die Schnecke über solch einen langen Zeitraum geschlafen, erwachet sie an einem der ersten schönen Tage im April, erbricht ihre Kammer und zieht von dannen, Nahrung zu suchen«, schreibt Oliver Goldsmith.

Während viele Lebewesen, darunter auch einige Menschen, ausgedehnte jahreszeitliche Wanderungen auf sich nehmen, um dem Winter zu entkommen, ist es den Schnecken dank ihres Ruhezustands möglich, zu bleiben, wo sie sind – ein Glück, bedenkt man die geringe Reichweite der Ausflüge einer durchschnittlichen Schnecke. Der französische Dichter Jacques Prévert hat das *Lied von den Schnecken, die zum Begräbnis ziehn* geschrieben, die Geschichte zweier Schnecken, die am Begräbnis eines zu Boden gefallenen Herbstblattes teilnehmen wollen. Sie machen sich auf den Weg, doch als sie ihr Ziel endlich erreichen, ist der Frühling angebrochen, und alle sind wieder frohen Mutes.

Manche Schnecken unternehmen selbst im Ruhezustand abenteuerliche Reisen. Hier ist, aus dem im neunzehnten Jahrhundert verfassten Aufsatz *Schnecken und ihre Gehäuse*, mein Lieblingsbericht über Schnecken, die im Schlafzustand an einen anderen Ort gelangten:

Professor Morse berichtet von bestimmten Species, die in dicken Eisblöcken eingefroren waren und hinterher wieder zum Leben erwachten. Andere Schnecken waren zweieinhalb Jahre in engen Pillenschachteln eingesperrt und haben überlebt, und eine Schnecke aus Ägypten, die am fünfundzwanzigsten März 1846 im Britischen Museum auf einer Tafel fixiert wurde, regenerierte sich wundersamerweise vollauf, als sie nach vier Jahren in lauwarmes Wasser gelegt wurde.

Ich überlegte, was wohl in der letzten Eiszeit mit den Schnecken geschehen war, und fragte den Malakologen Tim Pearce, ob er glaube, dass eine Schnecke einem vorrückenden Gletscher davonkriechen könne. Er mutmaßte, dass einige der größeren Landschnecken sehr langsam fließendem Eis entkommen könnten. Ich stellte mir eine winzige Schnecke vor, der ein Gletscher auf den Fersen war. Je näher der Gletscher gekommen wäre, desto kälter wäre es geworden. Die Schnecke hätte sich daraufhin eine Höhle gebaut und sich in die Winterruhe begeben, und der Gletscher wäre direkt über sie hinweggeflossen. Aber hunderttausend Jahre konnte nicht einmal eine Schnecke im Tiefschlaf verbringen.

Langer Rede kurzer Sinn: Ich beneidete die Schnecke um ihre vielen Fähigkeiten. Ich hätte viel darum gegeben, jederzeit ein Epiphragma bilden und die Herausforderungen um mich herum abschirmen zu können. Und wenn ich schon nicht, wie die Schnecke, im Verhältnis zu meinem Körpergewicht ein Mehrfaches an Kraft haben konnte, so hätte ich doch gern wenigstens meine normale Kraft zurückerlangt. Wenn ich schon nicht senkrecht die Wand hinaufkriechen oder an der Decke haftend schlafen konnte, so wäre ich doch gern wenigstens wieder aufrecht gegangen, so wie der Rest meiner Spezies. Ich wollte endlich aus dem Felsspalt der Krankheit, in dem ich feststeckte, freikommen.

Wie schön wäre es doch, könnten wir Kranke uns einfach in einen Ruhezustand begeben, während die Wissenschaft im Schneckentempo ihre Forschungen vorantrieb, und erst dann wieder erwachen, wenn neue, verlässliche Behandlungsmethoden verfügbar wären. Wobei – warum sollte diese erstaunliche Fähigkeit auf Kranke beschränkt bleiben? Wäre es nicht gut, wenn sich die Bevölkerung eines Landes, dem eine Hungersnot drohte, geschlossen in den Schlafzustand begeben, die schweren Zeiten wohlaufgehoben verstreichen lassen und zur neuen Anbausaison wieder erwachen könnte?

FÜNFTER TEIL

Liebe und Geheimnis

*Dazu sei bemerkt, dass jedes Tier ziemlich alle Rätsel
des Lebens in sich birgt.*
Karl von Frisch, *Erinnerungen eines Biologen,* 1973

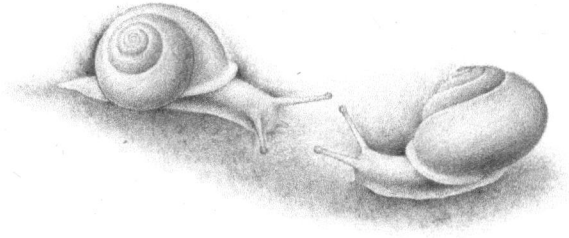

15. Hermetisches Leben

Von einem Regentropfen getroffen
Schließt sie sich ein ...
Schnecke

Yosa Buson (1716 – 1783)

Mein anfängliches Staunen über die Verteidigungsmechanismen der Gastropoden verwandelte sich schnell in Respekt. Egal welcher Spezies und Familie man angehört, die Welt strotzt vor Gefahren, und meine Schnecke brauchte all ihre aktiven und passiven Verteidigungsmethoden. Aber die Überlebensstrategien der einen Tierart erscheinen einer anderen unter Umständen seltsam.

Es gibt schneckenfressende Räuber der unterschiedlichsten Art, von Säugetieren aller Größen über Amphibien und Vögel bis hin zu diversen Insekten wie etwa Ameisen, Tausendfüßler, Käfer und kleinere Parasiten. Selbst einige Spinnenarten verspeisen gern Schnecken, wobei Simon Pollard und Robert Jackson in ihrem Kapitel in *Natural enemies of terrestrial mollusks [Natürliche Feinde der Landmollusken]* darauf hinweisen, dass der Giftbiss einer Spinne »Körperkontakt [erfordert] und ... gemeinhin mit einer Ladung Schleim im Gesicht bezahlt wird, was den meisten Spinnen ein zu hoher Preis für eine Mahlzeit ist«.

Meine Schnecke war richtig clever – einige ihrer aktiven Verteidigungsmethoden waren so subtil, dass mir ihr strategischer Aspekt zunächst gar nicht bewusst war. Der schlichte Rückzug ins Gehäuse diente nicht nur dem physischen Schutz, sondern erweckte auch den Eindruck, es sei keiner zu Hause. Meine Schnecke hatte diese Verteidigungsmethode an dem Tag, an dem sie im Veilchentopf zu mir gelangte, erfolgreich angewandt. Oliver Goldsmith beschreibt dieses Verhalten wie folgt:

> Solcher Art mit einem gleichermaßen leichten wie auch festen Schilderhause versehen, sieht sich die Schnecke in vielfältigster Weise vor allen äußeren Verletzungen geschützt. Im Falle eines Angriffs zieht sie sich einfach in diese Festung zurück und wartet geduldig, bis die Gefahr vorüber ist.

Ihre geringe Fortbewegungsgeschwindigkeit scheint die Schnecke verwundbar zu machen, doch tatsächlich kann sie durchaus als Überlebensstrategie gelten, denn manche Räuber reagieren vor allem auf schnelle Bewegungen. Und ihr lautloses Dahingleiten schützt die Schnecke vor Tieren, die sich bei der Jagd von Geräuschen leiten lassen.

Schleimig zu sein ist ein raffiniertes Abwehrsystem, das weit mehr vermag, als einen Homo sapiens abzustoßen. Große Räuber bekommen glitschige Tiere nicht richtig zu fassen, und kleinere parasitische Insekten bleiben womöglich im Glibber stecken, oder ihre Beißwerkzeuge verkleben. Wenn die übliche Schleimrezeptur zur Abschreckung nicht ausreicht, kann auf der Stelle eine reichhaltige Portion Schleim mit besonders giftigen und übel schmeckenden Inhaltsstoffen produziert werden. Bei den Gastropoden ist das Überleben des Stärkeren oft gleichbedeutend mit dem Überleben des Schleimigeren.

Eine andere hoch entwickelte passive Verteidigungsmethode der Gastropoden zeigte sich darin, wie das erdfarbene Gehäuse meiner Schnecke in ihrer Umgebung aufging. Ich war stets beeindruckt, wenn die Schnecke vor dem Hintergrund der Vegetation im Terrarium gleichsam vor meinen Augen verschwand, sogar während sie in Bewegung war.

Eine weitere brillante Strategie meiner Schnecke bestand darin, sich immer wieder andere Schlafplätze zu suchen. Mal lag sie, in ihr Gehäuse zurückgezogen, unter einem Farnwedel auf der Seite, sodass sie von oben nicht sichtbar war, mal schmiegte sie sich an einen modernden Ast von der gleichen Farbe wie ihre Schale, oder sie lag in einer kleinen Erdspalte, durch ein paar Flechten getarnt. Es war erstaunlich, dass die Schnecke mit ihrem minimalen Sehvermögen immer wieder solche perfekten Verstecke fand.

In dem von Tony Cook verfassten Kapitel Verhaltensökologie in *The Biology of Terrestrial Mollusks [Die Biologie von Landmollusken]* stieß ich auf folgenden Satz, der das Leben der Schnecken wohl am besten auf den Punkt bringt: »Das Richtige tun heißt, gar nichts zu tun, der richtige Ort dafür ist ein Versteck, und der richtige Zeitpunkt dafür ist so oft wie möglich.«

Das Leben der Schnecken hat etwas Hermetisches, und es war genau diese Aura von Geheimnis gewesen, die anfangs mein Interesse geweckt hatte. Mein eigenes Leben, so erkannte ich, nahm langsam ähnlich hermetische Züge an. Seit dem Ausbruch meiner Krankheit und über zahllose Rückfälle hinweg war mein Platz in der Welt eher durch meine Abwesenheit als durch meine Anwesenheit definiert. Meine engen Freunde wussten, wie es um mich

bestellt war, doch für diejenigen, die mich nicht so gut kannten, war mein Verschwinden aus der Arbeitswelt und anderen sozialen Zusammenhängen unerklärlich.

Dabei war ich keineswegs verschwunden, ich war eben nur ans Haus gefesselt, wie eine Schnecke, die sich in ihre Schale zurückgezogen hat. Doch ans Haus gefesselt zu sein, kommt in der Menschenwelt einem Verschwinden gleich. Wenn ich heute Bekannten von früher begegne, sehe ich manchmal, wie sich Erstaunen auf ihrem Gesicht malt, so als wähnten sie sich meinem Geist gegenüber, denn man rechnet nicht mehr mit meiner Rückkehr. Und manchmal frage ich mich, ob ich nicht tatsächlich zu einem Geist geworden bin.

16. Schneckenaffären

*Was Liebe und Zuneigung angeht, scheint das
Gefühlsleben der Schnecken hoch entwickelt zu sein,
und in ihrem Liebeswerben zeigen sie sehr deutlich,
welche Zärtlichkeit sie füreinander empfinden.*

James Weir, *The Dawn of Reason*

Eines Morgens blickte ich in das Terrarium und entdeckte
zu meiner Überraschung ein Gelege von acht winzigen
Eiern. Sie lagen auf der Erde, unter dem Ende des Birken-
stamms, und erinnerten von Form und Farbe her an Perl-
tapioka. Ich fragte mich, ob sie wohl befruchtet waren und
ob ihnen irgendwann Junge entschlüpfen würden. Ge-
spannt beobachtete ich, wie meine Schnecke alle paar
Tage zu den Eiern zurückkehrte und sich um sie küm-
merte. Mehrmals sah ich, wie sie jedes Ei einzeln eine
Weile im Maul hielt, wohl um es »einzuschleimen« – so
meine Vermutung –, damit es die nötige Feuchtigkeit
behielt.

Waldschnecken sind Zwitter. Bei den Säugetieren selten
anzutreffen, ist diese Eigenschaft in der restlichen Tier-
und auch Pflanzenwelt durchaus verbreitet. Schnecken
finden sich entweder zufällig zur Paarung zusammen,
oder sie folgen gewissen Vorlieben hinsichtlich Alter oder
Größe. Sie paaren sich im späten Frühling oder Früh-
sommer oder aber im Herbst, und zwar nach einem auf-

wendigen, komplizierten Liebesspiel. Eine Landschnecke, die über längere Zeit allein war, kann sich praktischerweise selbst befruchten, auf diese Weise eine neue Kolonie ins Leben rufen und den Erhalt ihres Erbgutes sichern.

Zufällig hatte ich im Jahr zuvor den Film *Mikrokosmos* der französischen Wissenschaftler Claude Nurisdany und Marie Pérennou gesehen, in dem eine sehr sinnliche Szene das Liebeswerben zweier Weinbergschnecken auf einer Wiese in Frankreich zeigt. Bruno Coulais' eigens für diesen Film komponiertes Stück *L'amour des escargots* bildet den opernhaften Hintergrund für die sichtlich genüssliche, lustvolle und ausdauernde schleimige Umarmung der beiden Schnecken.

In Patrica Highsmiths Kurzgeschichte *Der Schneckenforscher* beobachtet die Hauptfigur zwei sich liebende Schnecken und ist bezaubert:

> Eines Abends war Mr. Knoppert in die Küche geschlendert, um vor dem Abendessen noch eine Kleinigkeit zu essen, und hatte bemerkt, daß sich zwei der Weinbergschnecken in der Porzellanschüssel, die auf der Spüle stand, sehr eigenartig verhielten. Sie standen einander gegenüber, aufgerichtet und mehr oder weniger auf ihren Schwänzen ... Im nächsten Augenblick legten sie ihre Gesichter zu einem Kuß von wollüstiger Intensität aneinander.

Von diesem Erlebnis fasziniert, beginnt Mr. Knoppert alles zu lesen, was er über Schnecken finden kann.

> [Er stieß] in einem Abschnitt über Gastropoden in Darwins Ursprung der Arten auf einen bestimmten Satz ... Der Satz war auf Französisch, eine Sprache, die

Mr. Knoppert nicht beherrschte, doch bei dem Wort *sensualité* durchfuhr es ihn wie einen Bluthund, der plötzlich Witterung aufgenommen hat.

Ich beschloss, in die Forscherfußstapfen des Mr. Knoppert zu treten. Er hatte sich bei Charles Darwin über das Liebesleben der Schnecken kundig gemacht, und ich würde es ihm gleichtun. Meine Nachforschungen brachten zutage, dass er sich wohl im Buch geirrt hatte, denn ich fand den betreffenden Satz nicht in der *Entstehung der Arten,* sondern im neunten Kapitel der *Abstammung des Menschen,* in dem Abschnitt über Mollusken. Es war ein Zitat des schweizerisch-amerikanischen Zoologen Louis Agassiz, eines Kollegen Darwins. Offenbar zu explizit für viktorianische Sensibilitäten, waren Agassiz' Worte auf Französisch stehen geblieben. Dieser Satz enthielt zwar das Wort *sensualité* nicht, machte mich jedoch ebenso neugierig wie Mr. Knoppert, also schickte ich ihn Freunden, die des Französischen mächtig sind, und erhielt folgende Übersetzung von ihnen: »Wer je Gelegenheit hatte, das Liebesspiel der Schnecken zu beobachten, wird den verführerischen Charakter des Gebarens, mit dem diese Zwitter ihre gegenseitige Umarmung anbahnen und vollführen, nicht in Zweifel ziehen.«

Die viktorianischen Naturforscher ließen es sich nicht nehmen, das Liebesleben der Schnecken zu kommentieren. »Tatsächlich ist die Schnecke ein vorbildlicher Liebhaber. Sie verbringt Stunden damit ... den Gegenstand ihrer Zuneigung mit den vielfältigsten Aufmerksamkeiten zu bedenken«, meinte der Autor von *Schnecken und ihre Gehäuse.* Der Naturforscher Lorenz Oken wurde deutlicher: »Die Leche sind wollüstige Thiere. Das Absondern von Schleim deutet darauf hin, die ungeheuren Geschlechtstheile, die Zwitterschaft, vermöge der sie weibliche und männliche Wollust zugleich oder abwechselnd genießen. Auch ihre Nahrung scheint nach Lust gewählt zu sein.«

William Kirby schließlich beschrieb etwas, das denn doch wenig plausibel klang: »Das Liebeswerben [der Schnecken] ist einzigartig, denn in ihm verwircklicht sich die heidnische Sage von Amors Liebespfeilen: dergestalt, dass vor der Vereinigung jede der Schnecken einen gefiederten Pfeil nach der anderen wirft.« In Gerald Durrells Autobiografie *Vögel, Viecher und Verwandte* las ich mehr über diese merkwürdigen Pfeile. Als Zehnjähriger kam Durrell, der damals mit seiner Familie auf Korfu lebte, einmal kurz nach einem Gewitterregen in einen Wald: »Auf einem Myrtenzweig glitten zwei dicke, honig- und bernsteinfarbene Schnecken, einladend ihre Fühlhörner schwenkend, geschmeidig aufeinander zu.« Durrell ist fasziniert:

Während ich den beiden Schnecken zusah, waren sie sich bereits so nahe gekommen, daß ihre Fühlhörner sich berührten; regungslos sahen sie einander lange und ernst in die Augen. Darauf setzte die eine sich wieder in Bewegung und glitt neben die andere. Und nun geschah etwas, daß ich dachte, ich sähe nicht recht. Aus der Seite der einen Schnecke, und fast gleichzeitig aus der Seite der anderen, schoß, an einer dünnen, weißen Schnur, etwas heraus, das einem winzigen, zierlichen, weißen Dolch glich. Der Dolch von Schnecke A bohrte sich in den Leib von Schnecke B und war nicht mehr zu sehen, während der Dolch von Schnecke B das gleiche bei Schnecke A tat ... Ich sah so angestrengt hin, daß meine Nase es fast berührte ..., bis sie beide schließlich eng aneinandergepreßt dasaßen. Ich wußte, daß sie sich nun paarten, doch waren sie mittlerweile so sehr miteinander verschmolzen, daß der Vorgang als solcher mir entging. Verzückt verharrten sie etwa fünfzehn Minuten in dieser Stellung und glitten dann, ohne ein Danke schön oder sich auch nur zuzunicken, in entgegengesetzter Richtung davon.

Die »Liebesdolche«, die Durrell beschreibt, sind winzige, kunstvoll gestaltete Pfeile aus Kalk, die aussehen, als wären sie von einem erstklassigen Handwerker gefertigt. Sie werden über die Dauer einer Woche im Körper der Schnecke gebildet, und ihre Länge kann bis zu einem Drittel des Schalendurchmessers betragen. Der Schaft eines solchen Pfeils ist rund und hohl und kann je nach Schneckenart bis zu vier flossenartige »Federn« haben; das eine Ende ist scharf wie eine Harpune, das andere ist zu einer Krone verbreitert, mit der es im sogenannten Pfeilsack auf einer Papille sitzt.

Manche Spezies produzieren für jede Paarung einen neuen Pfeil, andere ziehen den verwendeten Pfeil wieder heraus und setzen ihn bei weiteren Paarungen erneut ein.

Es gibt Schneckenarten, die immer nur einen Pfeil vorrätig haben, und andere, die zwei oder mehr dieser Liebespfeile in ihrem Pfeilsack tragen. In seiner *Practical Biology* merkt T. H. Huxley an: »Mit dem *spiculum amoris* ... liegt uns ein Gebilde vor, wie es im gesamten Thierreich kaum seinesgleichen findet.«

Allerdings kann es auch vorkommen, dass eine Schnecke durch den »Beschuss« mit einem Liebespfeil traumatisiert wird und das Paarungsvorspiel abbricht. Die Pfeile sind für die eigentliche Paarung nicht erforderlich und bei weniger als einem Drittel der Schnecken zu finden. Man

nimmt an, dass der Liebespfeil ein Sekret überträgt, das spezielle Pheromone enthält, die eine bessere Speicherung der erhaltenen Spermien ermöglichen.

Eine Liebesbegegnung zwischen zwei Schnecken kann insgesamt bis zu sieben Stunden dauern und umfasst drei Phasen. Die erste Phase ist die der ausgedehnten Liebeswerbung, bei der sich die beiden Schnecken einander langsam nähern, sich umkreisen, regelrecht schmusen und sich mit den Fühlern berühren. Wenn sie doch keinen rechten Gefallen aneinander finden, beenden sie ihre Liebesaffäre, ansonsten kommt es bei manchen Arten nun zum Einsatz der Liebespfeile.

In der zweiten Phase »umarmen« sich die Schnecken spiralförmig und begatten sich. Bei manchen Schneckenarten tauschen die beiden Tiere Samen aus, bei anderen übernimmt eine Schnecke den männlichen und eine den weiblichen Part, und beim nächsten Mal wechseln sie ihre Rolle. Anscheinend ist es nicht immer einfach, ein Zwitter zu sein: Wenn zwei Schnecken einer Spezies, bei der die Geschlechterrollen verteilt werden, gleichzeitig dieselbe Rolle übernehmen wollen, kann es zu einem Konflikt kommen. Wenn alles gut geht, werden die Samenzellen innerlich oder äußerlich übertragen, bei manchen Schneckenarten in kunstvoll gestalteten Paketen, den sogenannten Spermatophoren.

Auf die Vereinigung folgt die dritte Phase, in der die beiden Schnecken ruhen; immer noch nah beieinander liegend, ziehen sie sich in ihr Gehäuse zurück und bleiben reglos so liegen, manchmal einige Stunden lang. Die eigentliche Befruchtung erfolgt, unabhängig von der Paarungsmethode, innerlich, nachdem sich die Partner längst getrennt haben.

Jetzt verstand ich, warum in Highsmiths Geschichte *Der Schneckenforscher* Mr. Knopperts »Frau sich vor Peinlichkeit wand«, wenn er »seinen interessierten, häufiger jedoch schockierten Freunden und Gästen … die Biologie der Schnecken [schilderte]«. Selbst Durrell ist so überrascht von dem, was er sieht, dass er seinen Mentor, den Biologen und Zoologen Theodor Stephanides, zurate zieht. Durrells Bruder Lawrence, bis dahin von naturgeschichtlichen Diskussionen eher gelangweilt, zeigt plötzlich Interesse:

»Großer Gott«, sagte Larry hitzig. »Das find ich aber ungerecht. Ganze Büsche voll mit diesen ekelhaften schleimigen Biestern, die einander verführen wie verrückt, und dann haben sie auch noch das doppelte Vergnügen dabei. Warum ist uns das nicht vergönnt? Das interessiert mich.«
»Na ja … aber dann müßten Sie auch Eier legen«, bemerkte Theodor.
»Stimmt«, sagte Larry, »aber was für eine großartige Ausrede, sich Cocktailparties zu entziehen – es tut mir wirklich sehr leid, könnte man sagen, ich muß auf meinen Eiern sitzen.«
Theodor gab einen kleinen Pruster von sich.
»Aber Schnecken sitzen gar nicht auf ihren Eiern«, erklärte er. »Sie vergraben sie in feuchter Erde und überlassen sie sich selbst.«
»Die ideale Art, seine Kinder großzuziehen«, fiel Mutter unerwartet, jedoch mit innerer Überzeugung ein. »Ich wünschte, ich hätte euch alle irgendwo in feuchter Erde vergraben können, um euch euch selbst zu überlassen.«

Vielleicht war Geralds Mutter noch von einem anderen Privileg der gastropodischen Elternschaft beeindruckt: Eine Schnecke kann die Spermien ihres Partners mehrere Monate – wenn nötig, sogar Jahre – in sich tragen und sie erst dann befruchten und die Eier legen, wenn die äußeren Bedingungen günstig sind. Meine Schnecke hatte vermutlich entweder zu Frühlingsbeginn oder schon im Jahr zuvor ein Rendezvous gehabt. Eine Umgebung, in der es keine Räuber, aber stets einen Vorrat an großen Champignons und frischem Wasser gab, bot genau den richtigen Anreiz für eine angehende Schneckenmutter, ihre Eier abzulegen.

Gemeinhin werden die Eier in mehreren Gelegen von je dreißig bis fünfzig Stück unter der Erde abgelegt. Möglicherweise hatte meine Schnecke nur so wenige Eier gelegt und diese auf statt unter die Erde, weil es im Terrarium in jener Woche etwas zu feucht war. Die Eier unter diesen Bedingungen zu vergraben, hätte dazu führen können, dass sie infolge von Osmose platzten.

Im Embryonalzustand absorbiert die sich entwickelnde Schnecke einen Teil des Kalks aus der Eischale. Nach dem Schlüpfen frisst sie den Rest der Schale auf, und wenn die Nahrung knapp ist, verspeist sie durchaus auch mal das eine oder andere Ei, das sonst zu einem Geschwisterchen geworden wäre.

17. Untröstlich

Die Schnecke, sie ist
Verschwunden!
Wo mag sie wohl
Sein? Niemand weiß es.
Yosa Buson (1716 – 1783)

Eines Morgens hielt ich nach der Schnecke Ausschau, die wie üblich schwer zu finden war. Ich suchte sie unter dem Farn, im Moos, hinter den flechtenbewachsenen Aststücken. Sie war nicht bei dem Haufen zerdrückter Eierschalen, um ihren Kalziumbedarf zu decken. Sie war nicht bei dem Bäumchen und auch nicht bei dem Champignon. Saß weder oben an der Glaswand des Terrariums noch unten bei der Muschel. Sie war nicht bei ihrem mittlerweile einige Wochen alten kleinen Gelege. Sie war in keinem ihrer vielen Verstecke. Sie war verschwunden.

Das Terrarium war nach oben hin offen. Da es ein atmendes Lebewesen beherbergte, war mir eine gute Belüftung wichtig erschienen. Meines Wissens hatte die Schnecke das Terrarium noch nie verlassen. Und als sie noch im Veilchentopf geschlafen hatte, war sie auch von ihren aus gedehntesten Ausflügen immer wieder zurückgekehrt.

Doch jetzt war sie unerklärlicherweise verschwunden. Vielleicht hatte es sie nach Ablage ihrer Eier schließlich und endlich doch wieder in ihren Wald gezogen. Wahrscheinlich hatte sie genauso großes Heimweh wie ich.

Doch ich konnte mir überhaupt nicht mehr vorstellen, wie ich ohne sie leben sollte. Tagsüber hatte mich der Anblick ihrer winzigen schlafenden Gestalt getröstet, und nachts hatten mich ihre Streifzüge unterhalten.

Ich überlegte mir, dass ich ihre Schleimspur suchen und ihr folgen könnte, doch auf dem trockenen Holz der Kiste waren keine Spuren zu sehen, und ich war zu schwach, um nach anderen Hinweisen zu suchen. In der Hoffnung, sie damit anzulocken, ließ ich vom Bett aus ein paar Pilzstückchen auf den Boden fallen. Es gab zahllose Stellen in meinem Zimmer, an denen sie hätte sein können, und ich befürchtete, dass jemand auf sie treten könnte. Ich hatte einen Horror davor, es plötzlich furchtbar knirschen und krachen zu hören.

Die Stunden verstrichen, die Lage schien immer aussichtsloser, und mir wurde klar, dass ich fast mehr an der Schnecke hing als an meinem eigenen fragilen Leben.

Ab einem gewissen Grad geht Krankheit mit quälender Isolation einher; die einzige Regel, die es im Leben noch gibt, ist die Ungewissheit und die einzige Bewegung das Verstreichen der Zeit. Man erträgt es nicht, noch eine weitere Körperfunktion zu verlieren, und Freunde und Verwandte ertragen es manchmal nicht, das mitzuerleben. Unter Umständen wird eine insgeheim bestehende, unüberbrückbare Kluft noch tiefer. Auch wenn man immer noch ist, wer man war, kann man nicht wirklich sein, wer man ist. Manchmal ziehen sich die Menschen, die man gut kennt, zurück, und dann beginnt sich sogar die Person, als die man sich selbst kennt, zu verändern.

Es gab Zeiten, da wünschte ich mir, mein viraler

Angreifer hätte meinem Leben ein Ende gesetzt. Wie viel besser war es doch, aus dem Vollen zu schöpfen und dann so abzutreten, wie man eine Party verlässt – einfach eine Tür aufzumachen und zu gehen. Stattdessen hatte mich der Virus an den äußersten Rand des Lebens gedrängt, und dort saß ich nun in seinem bösartigen Schatten fest, mit Symptomen, die am einen Tag gerade noch auszuhalten waren, nur um am nächsten jedes erträgliche Maß zu überschreiten, und der Unbill überraschender Rückfälle, die Jahre der allmählichen Genesung über Nacht ungeschehen machten.

In einem Artikel im *New Yorker* vom März 2009 schrieb Atul Gawande: »Alle Menschen empfinden Isolation als Folter.« Krankheit isoliert; wer isoliert ist, wird unsichtbar, und wer unsichtbar ist, wird vergessen. Aber die Schnecke … die Schnecke verhinderte, dass mein Lebensmut schwand. Wir zwei bildeten eine ganz eigene Gemeinschaft, und das nahm der Isolation die Schärfe. Doch die Schnecke war verschwunden, und als der Tag sich neigte, war ich untröstlich.

18. Nachkommenschaft

*Die Schnecke legt dreißig bis fünfzig Eier ab, welche
an homöopathische Kügelchen erinnern ... Unter
dem Mikroskop betrachtet, biethen die
durchscheinenden Eihüllen einen wunderschönen
Anblick, denn sie sind mit glitzernden Kalkkristallen
besetzt, so daß das Junge in ihrem Innern eine mit
Diamanten besetzte Robe zu tragen scheint.*

Ernest Ingersoll, *In a Snailery*, 1881

An jenem Abend erwartete ich eine Freundin, die von
weit her kam, um mich zu besuchen, doch ich konnte
an nichts anderes denken als an die verschwundene
Schnecke. Also schaute meine Freundin gleich nach ihrer
Ankunft ins Terrarium. Sie hob ein Stückchen Moos hoch,
und darunter, in einem selbst gegrabenen Loch, saß die
Schnecke mit einem weiteren, viel größeren Gelege.

Ich hatte das Terrarium ein wenig austrocknen lassen,
sodass die Bedingungen fürs Eierlegen jetzt günstiger
waren. Die Schnecke hatte unter dem Moos eine Höhle
gegraben und dort, wo sie gut getarnt waren und gleichmäßig feucht blieben, ihre Eier abgelegt. Das Terrarium
war der Traum jeder werdenden Schneckenmutter, ein ge-
schützter Ort, um Nachkommen in die Welt zu setzen.

Meine Schnecke hatte die veränderten Feuchtigkeits-
verhältnisse wahrgenommen und angemessen darauf

reagiert, und das tat sie auch weiterhin – die auf der Erde abgelegten Eier besuchte sie regelmäßig, die vergrabenen hingegen nur wenige Male. Aber warum sollte ein Gastropode nicht genauso kompetent wie ein Homo sapiens für seine Nachkommenschaft sorgen können?

Ich erfuhr später, dass ich möglicherweise der erste Mensch bin, der eine Schnecke bei der Pflege ihrer Eier beobachtet und seine Eindrücke schriftlich festgehalten hat. Malakologen wären vermutlich davon ausgegangen, dass eine Schnecke, die ihre Eier besucht, diese eher fressen als pflegen würde. Da das erste Gelege so klein war und nicht unter, sondern auf der Erde lag, konnte ich sehen, dass nach keinem der Besuche Eier fehlten. In der freien Natur hätte eine Schnecke bei solchen Besuchen eine Spur hinterlassen, die Räuber zu den Eiern hätte führen können, doch meine Schnecke hatte so etwas nicht zu befürchten. Und da sie von ihrer Kolonie getrennt war, kam dem Erhalt ihres Erbguts entscheidende Bedeutung zu, was sie vielleicht zu einer besonders sorgsamen Pflege der Eier veranlasst hatte.

Während Schneckeneier durch zu große Feuchtigkeit gefährdet werden, vertragen sie ein erstaunliches Maß an Trockenheit. »Die Lebensfähigkeit von Schneckeneiern ist nachgerade unglaublich«, schreibt Ernest Ingersoll.

Sie wurden so gründlich getrocknet, dass man sie zwischen den Fingern hätte zerkrümeln können, und im Ofen gedörrt, bis sie zu kaum mehr wahrnehmbarer Winzigkeit zusammengeschrumpft waren, doch sobald sie der Feuchtigkeit ausgesetzt wurden, erlangten sie wieder ihr ursprüngliches Volumen, und die Jungen gediehen genauso gut wie sonst.

Durch ihr ausgiebiges Eierlegen verlor meine Schnecke sichtlich an Gewicht – ihr Körper wurde im Verhältnis zum Gehäuse deutlich kleiner. Etwa eine Woche lang schlief sie mehr als sonst, und dann begann sie, mit wahrem Heißhunger Champignons zu fressen.

Ich erlebte nicht mit, wie die Jungen aus dem ersten Gelege schlüpften. Es geschah vermutlich nachts, und ich hätte nicht nur eine Taschenlampe, sondern auch eine Lupe gebraucht, um es zu sehen. Eines Morgens bemerkte ich, dass einige der Eier verschwunden waren, und als ich genauer hinschaute, sah ich ein paar winzige Schnecken herumkriechen; hätten sie sich nicht bewegt, hätte ich sie gar nicht entdeckt. »Die Jungen erscheinen in einer hübschen, blasenartigen Schale«, schreibt der Autor von *Schnecken und ihre Gehäuse*. Ihre Schalen sind durchscheinend und »so zart«, wie William Kirby notiert, dass ein »kräftiger Sonnenstrahl ihnen den Garaus macht«.

Die Jungen hielten sich gern auf der Unterseite der Muschel auf, wahrscheinlich weil es dort feucht und dunkel war und sie ihren Kalziumbedarf decken konnten. Manchmal schliefen sie unter einer Scheibe Champignon und kamen erst wieder in Sicht, wenn sie abends zum Frühstücken auf die Pilzscheibe kletterten, von dessen weißem Fruchtfleisch sie sich abhoben. Die Anzahl der Jungen erhöhte sich im Lauf der Woche, und mir wurde klar, dass es weitere Gelege geben musste. Vielleicht hatte die Schnecke sie in der ersten Legehöhle abgelegt, denn dorthin kehrte sie mehrmals zurück, wobei ich nicht richtig sehen konnte, was sie da tat. Aber vielleicht gab es auch noch andere Legehöhlen.

Mit fortschreitendem Wachstum der kleinen Schne-

cken wurden auch ihre Gehäuse größer und weniger durchscheinend. Die einzelnen Gelege mussten im Abstand mehrerer Wochen erfolgt sein, denn die Jungen ließen sich leicht auseinanderhalten. Eines Abends kroch eine der jüngeren Schnecken hinter einem ihrer älteren Geschwister die Glaswand des Terrariums hinauf. Dann kletterte sie auf sein Gehäuse. Die ältere Schnecke drehte sich um und schaute die jüngere an, und die beiden wedelten einander heftig mit ihren Fühlernasen zu, doch es gelang der älteren nicht, die jüngere abzuschütteln. Ein Streit zwischen Geschwistern, so wie es aussah. Ich wollte mich eigentlich nicht einmischen, doch als es mir gelang, mich für einen Moment aufzusetzen, löste ich die kleinere Schnecke vom Gehäuse der größeren und setzte sie neben den Haufen zerdrückter Eierschalen. Dort futterte sie den restlichen Abend lang zufrieden vor sich hin, was mich auf den Gedanken brachte, dass sie sich vielleicht einfach wegen des Kalks auf das Gehäuse ihres Geschwisters gesetzt hatte.

Ich fragte mich, wie lange es wohl dauern würde, bis die kleinen Schnecken ausgewachsen waren. Bei dem Gedanken, mit hundert fruchtbaren Schnecken dazusitzen, wurde mir ganz anders – das galt es dann doch besser zu vermeiden. Highsmiths Erzählung *Der Schneckenforscher* beginnt mit einer ihrer typischen unheilvollen ersten Zeilen: »Als Peter Knoppert begann, die Beobachtung von Schnecken zu seinem Hobby zu machen, ahnte er nicht, dass aus seiner ersten Handvoll von Exemplaren in kürzester Zeit Hunderte werden würden.«

Während die Notdurft meiner ersten Schnecke kein Problem dargestellt hatte – ab und zu ein kleiner, säuberlicher Schnörkel auf der Muschel oder der Glaswand

des Terrariums –, führten die Ausscheidungen so vieler, zumal so schnell wachsender Schnecken zu einem ziemlich sudeligen Gesamtbild.

Ich fragte mich, wie meine eigentlich doch eher einzelgängerische Schnecke mit dieser selbst verschuldeten Bevölkerungsexplosion zurechtkam. In der freien Natur fällt rund die Hälfte der Eier eines Geleges dem Wetter, Räubern oder bereits geschlüpften hungrigen Geschwistern zum Opfer, doch im Terrarium war das natürlich anders. Ich konnte nur raten, wie viele Jungschnecken es insgesamt waren, denn sie zu zählen war unmöglich; tagsüber versteckte sich jede woanders, und nachts waren sie alle zugleich unterwegs. Meine einzelne Schnecke zu beobachten, war ein friedlicher und beruhigender Zeitvertreib gewesen, doch zuzusehen, wie sich diese Unmengen von Nachkommen alle gleichzeitig bewegten, hatte eine hypnotische Wirkung. Ich musste mir eingestehen, dass es mich überwältigte.

Über mehrere Monate hinweg verbesserte sich mein Zustand allmählich – nicht so grundlegend, dass es von einem Tag auf den anderen oder auch von Woche zu Woche spürbar gewesen wäre, doch immerhin konnte ich jetzt mehrmals am Tag für ein paar Minuten auf einem Stuhl sitzen. Ich wollte versuchen, wieder zu Hause zu wohnen, auch wenn ich mir nicht sicher war, ob ich mit weniger Hilfe zurechtkommen würde. Es war eine gewaltige Herausforderung, weshalb ich beschloss, meine erste Schnecke und einen ihrer Nachkommen bei meiner Pflegerin zurückzulassen. Einige meiner Freunde, fasziniert von meinen begeisterten »Schneckenberichten«, adoptierten ebenfalls bereitwillig Jungschnecken. Der Rest der zahlreichen Nachkommenschaft wurde dort ausgesetzt,

wo die Mutter herstammte. Und bei dieser Gelegenheit wurde dann auch eine offizielle Zählung durchgeführt: Hundertachtzehn Nachkommen waren geschlüpft.

SECHSTER TEIL

Vertrautes Terrain

*Der erste, entscheidende Schritt, um das eigene
Überleben zu sichern, ist bei allen Organismen
die Wahl des Lebensraums. Findet man den
richtigen Ort, ist alles andere einfacher.*
Edward O. Wilson, *Biophilia*, 1984

19. Befreit

Ja, kleine Schnecke
Besteige den Berg Fuji
Aber ganz langsam.
Kobayashi Issa (1763 – 1827)

Im Hochsommer verlegte man mich mit meiner Hündin Brandy nach Hause. Es war schwer zu sagen, wer von uns beiden glücklicher darüber war. Ihr mit Zedernholzspänen gefülltes Hundebett stand an seinem gewohnten Platz im Wohnzimmer, wo die Morgensonne darauf schien. Von meinem eigenen Bett aus, das ebenfalls in diesem Zimmer stand, gab es so viel zu sehen, dass ich gar nicht wusste, wo ich zuerst hinschauen sollte. Da waren die dicken Pfosten und Balken, die den Raum um mich herum einfassten, an den Wänden gemalte Bilder, bunt und voller Leben, und neben meinem Bett das Fenster mit Blick in die Natur.

Manchmal schrak ich mitten in der Nacht aus dem Schlaf, weil es irgendwo über mir einen unerklärlichen Schlag getan hatte, doch ich empfand nur liebevolle Belustigung angesichts der Eskapaden des seit Jahrhunderten hier ansässigen Gespenstes. Die Eigenheiten meines Hauses waren mir vertraut, und das erleichterte den Übergang; schwieriger war es, mit weniger Hilfe auszukommen.

Mir fehlte die Gesellschaft meiner Schnecke, aber es war an der Zeit, sie in ihren Wald zurückzubringen. Ich hoffte, bis zum Herbst so weit zu sein, dass ich ihren einen noch verbleibenden Nachkommen über den Winter zu mir nehmen konnte.

Die Schnecken mit der längsten Lebenszeit finden sich oft in den Gegenden mit dem rausten Klima. Angesichts der harten Winter Neuenglands hatte meine Schnecke wahrscheinlich noch einige Jahre vor sich, die weitere ausgedehnte Liebesspiele und noch mehrere Generationen von Nachkommen mit sich bringen würden. Nach dem geschützten Leben im Terrarium würde sich meine Schnecke wieder an die Unwägbarkeiten des Waldlebens gewöhnen müssen, an die gefährlichen Räuber und die unberechenbare Witterung. Doch mithilfe ihrer diversen Verteidigungsmechanismen und ihrer Fähigkeit zum Ruhezustand hatte sie sich früher ja bereits gut durchgeschlagen, und ich war mir sicher, dass ihr das auch jetzt wieder gelingen würde.

Ich wäre nur zu gern bei der Freilassung der Schnecke dabei gewesen, war aber zu weit weg, nun da ich wieder zu Hause wohnte. Meine frühere Pflegerin schrieb mir, sie habe den einen verbleibenden Nachkommen im Terrarium gelassen und meine Schnecke in den Wald zu der Stelle getragen, wo meine Freundin sie damals aufgehoben hatte:

An einem nebligen Tag brachte ich die Schnecke in den Wald. Ich setzte sie auf einen Waldchampignon unter einer alten Eiche. Die Schnecke wurde neugierig. Sie kroch ein Stückchen aus ihrem Gehäuse hervor, reckte den Kopf über den Abgrund und streckte den Körper dann langsam nach unten, bis sie den Boden erreichte, wobei das Ende ihres Kriechfußes weiterhin auf dem Pilzhut lag. Mit einer eleganten Bewegung zog sie Gehäuse und Fuß auf den Boden und kroch dann zielstrebig mit nach vorne gerichteten Fühlern über Blätter und Zweige auf einen heruntergefallenen Eichenast zu, um dort Schutz zu suchen.

Die Schnecke und ich waren gemeinsam in Gefangenschaft gewesen, und jetzt waren wir beide wieder in unser natürliches Habitat zurückgekehrt. Wie die Schnecke wohl in ihrem heimischen Wald zurechtkam, während ich mir das Leben in den paar Zimmern meines Hauses lebenswert zu gestalten versuchte? Ich war jetzt zwar zu Hause, doch ich war immer noch nicht frei von den Beschränkungen meiner Krankheit. Ich dachte daran, wie die Schnecke in dem begrenzten Raum des Terrariums gefressen, ihre Streifzüge unternommen, einen Lebenszyklus vollendet und dabei durchaus zufrieden gewirkt hatte. Das machte mir Hoffnung, dass auch ich vielleicht noch Träume verwirklichen konnte, selbst wenn es nicht mehr die alten waren.

Wieder daheim zu sein war – abgesehen von einer Heilung – das Beste, was mir passieren konnte, und mochte ich auch körperlich noch stark eingeschränkt sein, so war ich zumindest nicht mehr permanent ans Bett gefesselt. Ab und zu konnte ich kurze, aber befriedigende Ausflüge im Haus unternehmen. So holte ich mir etwa am späten Vormittag einige ein paar Meter entfernt liegende Unterlagen, und am späten Nachmittag ging ich dann in einem Moment des Übermuts in die Küche, um mein Wasserglas wieder zu füllen. Es versetzte mich in Hochstimmung, diese kleinen Dinge tun zu können, auch wenn ich mit verstärkten Symptomen teuer dafür bezahlte.

Durch das Fenster neben meinem Bett konnte ich das ständig sich wandelnde Wetter beobachten – das sanfte Wehen oder heftige Tosen des Windes, die unterschiedlichen Stimmungen des Regens, das Wechselspiel von Sonne, Mond und Wolken. Und der Garten rund um mein Bauernhaus war in der hochsommerlichen Hitze ein einziges Farbenmeer.

Da war das emsige Treiben all der Kleinsttiere, die zwischen meinen Pflanzen umherflogen: Kolibris und Schmetterlinge, Motten, Wespen, Hummeln und zahllose andere Insekten. So viele unterschiedliche Flugmuster gab es und eine beeindruckende Vielfalt an Körperbautypen und Körpergrößen, Flügelformen und »Fahrgestellen«. Es herrschte ein so reger Luftverkehr, dass mir mein Garten vorkam wie eine Miniaturversion des New Yorker Flughafens La Guardia. Wenn man bedachte, wie viele unterschiedliche Tierarten hier wild durcheinandersausten, war es ein Wunder, dass es nicht ständig zu Zusammenstößen kam.

Von meinem Platz am Fenster verfolgte ich das Kommen und Gehen meiner Nachbarn; auch sie gehörten zum Rhythmus meiner vertrauten ländlichen Landschaft. Sie fuhren weg, um zu arbeiten oder Besorgungen zu machen, kamen wieder, führten ihre Hunde aus, hackten Holz und schauten in ihrem Briefkasten an der Straße nach Post. Im abendlichen Zwielicht sah ich vielleicht aus dem Augenwinkel einen Ziegenmelker in geringer Höhe übers Feld flitzen, und mit Einbruch der Dunkelheit begannen die Geheimcodes von Glühwürmchen auf Partnersuche aufzufunkeln. Später stießen Fledermäuse – bloße Schemen, schwarz auf schwarz – nach abendlichen Leckerbissen herab, und aus dem Wald drangen leise, ganz leise, die Rufe der Eulen, bis schließlich unter dem uralten Licht der fernen Sterne und des zu- oder abnehmenden Mondes völlige Stille herrschte.

20. Winterschnecke

Versiegelt die Tür
Und sinkt dann in tiefen Schlaf
Die kleine Schnecke.

Kobayashi Issa (1763 – 1827)

Die Monate verstrichen, und Blätter in flammenden Rot- und Orangetönen segelten an meinem Fenster vorbei, taumelten durch die Luft, wurden verweht. Ich hatte mich zu Hause gut eingelebt, sodass der eine übrig gebliebene Nachfahre meiner Schnecke kommen konnte, um mir Gesellschaft zu leisten. Als Terrarium diente diesmal eine riesige antike Glasschüssel mit einem Umfang von hundertzwanzig Zentimetern – eine wunderschöne sphärische grüne Welt. Die junge Schnecke maß ungefähr ein Drittel der Größe einer Eichel. Sie schlief tagsüber oft in einem hohlen modernden Birkenast, einem dunklen und feuchten, somit idealen Versteck. Gelegentlich schaute ich mit einer Taschenlampe nach ihr.

Die Tage wurden kürzer, und bald zeichnete der Schnee seine abstrakten Muster in die ruhige Winterluft. Ich sah zu, wie die Schneeflocken im Spiel des Windes von einem Moment zum anderen ihre Größe und Form veränderten. Sie stürzten herab, wurden von einem Aufwind wieder emporgewirbelt, tanzten durch die Luft, sanken erneut herunter und vereinten sich mit dem älteren, rings ums

Haus aufgetürmten Schnee. Ab und zu verschluckte ein tosender Blizzard den dunkelgrünen Fichtenwald und hinterließ eine noch dickere Schneeschicht.

Unter dieser kalten Decke hielten Schnecken in ihren lauschigen Höhlen Winterschlaf. Träumten sie dabei, und falls ja, bestanden diese Träume ausschließlich aus Geruchs-, Geschmacks- und Tastwahrnehmungen? Oder war es ein tieferer Schlaf, jenseits von Denken und Erinnerung?

Im Innern meines Hauses herrschten ganz andere Witterungsverhältnisse als draußen. Durch den Ölofen war die Luft warm und trocken. Statt sich eine Höhle zu graben und Winterschlaf zu halten, begab sich meine junge Schnecke wochenweise in die Sommerruhe; dazu zog sie sich entweder in den hohlen Birkenast zurück, oder sie hängte sich kopfüber an die Unterseite eines Farnwedels. Wenn sie aufwachte, fraß sie etwas Champignon und Erde, trank Wasser und raspelte an der Innenseite der Muschel, um sich mit Mineralstoffen zu versorgen. Dann verkroch sie sich wieder in der dunklen Höhlung des Birkenasts oder kletterte an einem Farnwedel hoch, um erneut Sommerschlaf zu halten.

Das Verhältnis von Geschwindigkeit sowie Raum und Zeit im Leben der Schnecken hatte etwas Paradoxes, was mich zunehmend faszinierte: Im Vergleich zu ihrer langsamen Fortbewegung war ein Lebenszyklus bei ihnen schnell vollendet. Eine Schnecke konnte in siebzig Jahren siebzig Generationen hervorbringen, der Mensch hingegen nur drei. Obwohl sich die Schnecke langsamer als der Mensch durch die reale Welt bewegte, war sie auf ihrem Weg als sich entwickelnde Spezies schneller.

Der kurze Lebenszyklus der Schnecken machte mich auf ein ähnliches Paradox in der Menschenwelt aufmerksam: Während sich einige Bereiche der Gesellschaft – Technologie und Kommunikation zum Beispiel – immer schneller fortentwickelten, ging es in anderen Bereichen wie etwa der medizinischen Versorgung nicht einmal im Schneckentempo voran. Innerhalb eines Zeitraums von mehreren Monaten, in dem ich auf Termine wartete, verschiedentlich untersucht wurde und neue Therapien ausprobierte, hatte meine erste Schnecke Eier gelegt, ihre Jungen waren ausgeschlüpft, sie war wieder in ihren Wald zurückgekehrt, und hatte dann, im Spätherbst, ihre Winterruhe angetreten.

Im Lauf der Wintermonate fiel mir auf, dass sich mein Verhalten bei der Schneckenbeobachtung veränderte. Im vergangenen Frühling, als ich fast nichts hatte tun können, war es äußerst unterhaltsam gewesen, mich mit der Schnecke zu befassen. Doch nun, da ich meine Körperfunktionen zumindest ansatzweise zurückgewonnen hatte, begann die Schneckenbeobachtung Geduld zu erfordern. Ich fragte mich, an welchem Punkt meiner Genesung ich die Welt der Gastropoden wohl hinter mir lassen würde.

Meine erste Schnecke sollte immer einen festen Platz in meinem Herzen haben, ihren Abkömmling hingegen mochte ich zwar auch gern, doch befand er sich oft in der Sommerruhe, und ich wiederum wurde oft durch anderes abgelenkt. Freunde kamen vorbei und gingen mit Brandy im winterlichen Wald spazieren. Vom Fenster aus sah ich zu, wie mein Hund durch die Schneewehen sprang. Aus reinem Vergnügen stürzte er sich mit der Nase voran tief hinein, rollte sich auf den Rücken, um ein eiskaltes Bad zu nehmen, und strampelte begeistert mit den himmelwärts gerichteten Beinen.

Nachbarn schauten vorbei und berichteten mir das Neuste aus der Gegend: Eine Kuh, die ausgerissen war, hatte man durch den Wald irrend wiedergefunden; ein paar Leute, die an einem für Ende Februar ungewöhnlich warmen Nachmittag Langlauf gefahren waren, hatten schließlich die Skier stehen lassen, sich bis auf die Unterwäsche ausgezogen und waren zum Sonnenbaden auf einen von blattlosen Ranken bewachsenen Felsen geklettert, nur um Tage später festzustellen, dass es sie überall juckte – ein seltener Fall von Gift-Efeu mitten im Winter. Andere Geschichten hatten sich während meiner Abwesenheit ereignet: So war im Frühling der Hund eines Nachbarn eines Tages mit dem unversehrten Ei eines wilden Truthahns, das er ganz vorsichtig im Maul hielt, nach Hause gekommen.

Ich war froh und dankbar um meine engen Freunde und meine Nachbarn, aber mir fehlte der weitere Kreis – Bekannte, vertraut und geheimnisvoll zugleich, und die interessanten Neuen, die alles beleben. Mit jedem Rückfall zieht sich mein Leben erneut auf seinen innersten Kern zusammen. Und jedes Mal, wenn ich, langsam und über viele Jahre, wieder auf meinem Weg zurück zu dem Leben bin, das ich einst kannte, stelle ich fest, dass fast nichts mehr so ist, wie ich es in Erinnerung hatte: In meiner Abwesenheit hat sich die Welt verändert.

Die Schneehaufen schmolzen dahin, und in der Luft war ein Hauch von Frühling zu erahnen.

Die junge Schnecke hielt immer noch Sommerruhe auf der Unterseite eines Farnwedels. Da ich annahm, dass sie hungrig sein würde, wenn sie erwachte, legte ich einen frischen Champignon ins Terrarium und fragte mich, ob sie wohl spürte, dass die Tage länger wurden. Ich sehnte mich danach, die Fenster öffnen und mich im Freien aufhalten zu können, und sei es auch nur in nächster Nähe des Hauses. Ich schrieb einem meiner Ärzte:

Ich hätte mir niemals träumen lassen, was mich durch das vergangene Jahr gebracht hat: eine Waldschnecke und ihre Nachkommen – ohne sie hätte ich es, glaube ich, wirklich nicht geschafft. Zu beobachten, wie ein anderes Geschöpf seinem Leben nachgeht … gab auch mir, der Beobachterin, einen Daseinszweck. Wenn der Schnecke das Leben etwas bedeutete und die Schnecke mir etwas bedeutete, hieß das, das irgendetwas in meinem Leben von Bedeutung war, also hielt ich durch … Gemessen an den Kriegen, die derzeit auf der ganzen Welt toben, oder auch an tausend anderen Menschenproblemen mögen Schnecken winzig und unbedeutend scheinen, doch es kann gut sein, dass sie unsere Spezies einmal überleben werden.

21. Frühlingsregen

Wohin des Weges
Bei diesem starken Regen
Du kleine Schnecke?
Kobayashi Issa (1763 – 1827)

Die ersten kalten Regenschauer fielen, und als es im Lauf der folgenden Wochen allmählich wärmer wurde, begannen nen abends die Frühlingspfeifer und Waldfrösche zu singen. Durch die erhöhte Luftfeuchtigkeit erwachte die junge Schnecke, kletterte von ihrem Farnwedel herunter und wurde aktiv. Bald würde sie voll entwickelt sein, und es war an der Zeit, sie in der freien Natur auszusetzen, damit sie sich ein eigenes Gebiet und einen Partner suchen konnte. Es war schwer, mir ein Leben ohne Schnecke vorzustellen. Ihre stille Anwesenheit würde mir fehlen, aber ich wusste, dass der Frühlingsregen für ein reichhaltiges Angebot an frischer Nahrung sorgen und damit die bestmöglichen Überlebenschancen schaffen würde.

Ich schrieb meinem Arzt einen weiteren Brief:

Heute regnet es wieder. Ich schaue schon die ganze Zeit von meiner Bettcouch aus hinaus und wünschte, ich könnte tun, was ich täte, wenn ich nicht krank wäre, nämlich Stiefel und Regenmantel anziehen, mir eine Schaufel schnappen und jede Menge Pflanzen umsetzen.

*Einmal habe ich in einem Frühlingsregen all meine blü-
henden Tulpen ausgegraben, und dann habe ich sie an
ihren sechzig Zentimeter langen Hälsen gepackt, sodass
Zwiebel und Wurzelballen nach unten hingen und die
Blüten mir wie Zyklopenaugen ins Gesicht starrten, und
bin mit ihnen durch den Garten spaziert. Für jede einzelne habe ich ihrer Farbe entsprechend einen neuen
Standort gesucht. Wenn man Pflanzen im Regen
umsetzt, bemerken sie es kaum, und die Tulpen haben
es bestens verkraftet. Heute ist ein idealer Schnecken-
abschiedstag.*

Im Terrarium geschlüpft und aufgewachsen, hatte die
junge Schnecke feinste Riesenchampignons und frisches
Wasser in einer Miesmuschelschale serviert bekommen.
Nie war sie den im Wald lauernden Gefahren ausgesetzt
gewesen. Sie würde aus ihren eigenen Ressourcen schöpfen müssen, und ich hoffte, dass sie ihr neues Zuhause
interessant und schmackhaft finden würde, vertraut und
überraschend zugleich.

Ich schaffte es inzwischen ab und zu, das kurze Stück
bis zum Waldrand zu gehen. Eines Abends, als es nach
einem leichten Regen nur noch ein wenig nieselte, trug ich
die junge Schnecke zu ein paar großen Laubbäumen, die
vor einer Steinmauer standen. Ich setzte sie vorsichtig auf
dem Boden ab und sah zu, wie sie ein Stückchen aus ihrem
Gehäuse hervorkam. Interessiert reckte sie die zuckenden
Fühler, richtete sie hierhin und dorthin, um die Vielzahl
frischer Gerüche aufzunehmen. Sie untersuchte ein paar
tote Blätter, dunkelgrünes Moos, Flechten und die dicke
Wurzel eines Baums. Und dann sah ich ihr nach, während
sie langsam durch die Dämmerung kroch und im Dunkeln verschwand.

Zum ersten Mal befand sich die Schnecke in einer Welt ohne Grenzen. Ich fragte mich, was sie wohl von dieser überraschenden Freiheit hielt. Welche nächtlichen Abenteuer würde sie erleben, während ich schlief, und wo würde sie sich am nächsten Morgen für ihre Tagesruhe verstecken? Wie würde sie sich in der weiten, freien Natur ein eigenes Gebiet suchen?

22. Nächtlicher Sternenhimmel

Der Mensch ist herausgehoben, nicht weil wir so
hoch über anderen Lebewesen stünden,
sondern weil deren gründliche Kenntnis einen
höheren Begriff von Leben schafft.
Edward E. Wilson, *Biophilia*, 1984

Mein Garten erwachte, und ich lag so oft wie möglich draußen auf einer Chaiselongue, Brandy an meiner Seite. Wir sahen zu, wie sich das Sonnenlicht seinen Weg durch das Geäst des Holzapfelbaums suchte und Blaustern und Krokusse tüpfelte, hielten Ausschau nach den spitzen Nasen aus dem Boden emporlugender Tulpenblätter. Jede Woche blühten weitere meiner mehrjährigen Pflanzen auf, und in der Hecke, die den Garten einfasste, nisteten sich zahlreiche Vögel ein. Die Rubinkolibris kehrten von ihrem Tausende Kilometer entfernten Winterquartier zurück und ließen sich wie jeden Sommer in den alten Apfelbäumen nieder. Sie flitzten zwischen den Blumenbeeten vor dem Haus und der kleinen Mohnwiese dahinter hin und her und konkurrierten in einem uralten speziesübergreifenden Tanz mit den bunten Schmetterlingen um Nektar.

Ich konnte die Augen schließen und spüren, wie mich die Sonne am ganzen Körper wärmte und der Wind über mich hinwegstrich. Das einschläfernde Summen der Bienen und jene seltsamen, gedämpften Insektengeräusche erfüllten meine Ohren und vermischten sich in meiner Wahrnehmung mit dem guten, intensiven Geruch erdigen Lebens.

Auf den Frühling folgte der Sommer, auf den Sommer der Herbst, der erste Schnee fiel, und ich dachte immer noch häufig an die Schnecke und ihre Nachkommen. Meine erste Schnecke war eine wunderbare Gefährtin gewesen, sie hatte keine Fragen gestellt, die ich nicht hätte beantworten, und keine Erwartungen an mich gerichtet, die ich nicht hätte erfüllen können. Ich hatte miterlebt, wie sie sich unterschiedlichen Lebensbedingungen angepasst hatte, ohne sich beirren zu lassen. Von Natur aus einzelgängerisch und langsam, hatte sie mich unterhalten und so manches gelehrt, und indem sie mich, still dahingleitend, mit ihrem Anblick erfreute, hatte sie mich durch eine schwere Zeit geführt und mir eine Welt eröffnet, die jenseits meiner Menschenwelt lag. Die Schnecke war mir eine echte Lehrmeisterin gewesen, ihr bescheidenes Dasein hatte mir Kraft gegeben.

An einem späten Winterabend schrieb ich in mein Tagebuch:

Ein letzter Blick in den Sternenhimmel und dann ins Bett. Es gibt viel zu tun, so schnell oder langsam, wie es mir eben möglich ist. Ich muss die Schnecke in Erinnerung behalten. Immer die Schnecke in Erinnerung behalten.

Epilog

Vielleicht leben Sie dann allmählich,
ohne es zu merken, eines fernen Tages
in die Antwort hinein.
Rainer Maria Rilke, *Briefe an einen jungen Dichter*, 1903

Meine Schneckenbeobachtungen stammen aus einem einzigen Jahr einer fast zwanzigjährigen Krankheit. Ich habe sie und ein paar Nicht-Schnecken-Geschichten mit den Ergebnissen meiner späteren wissenschaftlichen Lektüre verschmolzen. Die Recherche für dieses Buch und der Prozess des Schreibens erfolgten, der Geschwindigkeit und dem Rhythmus der Hauptfigur entsprechend, sehr langsam und vorwiegend nachts. Wieder ließ ich mich sehr umfassend auf das Leben der Schnecke ein.

Zur Zeit meiner Beobachtungen wusste ich vieles über meine kleine Gefährtin noch nicht, und das Gleiche galt für meine Krankheit. Ich wollte gern wissen, welcher Art meine Schnecke angehörte, und es sollte mehrerer Anläufe und der Hilfe einiger Experten bedürfen, um dieses Rätsel zu lösen. Eine noch größere Herausforderung war es, den mysteriösen Krankheitserreger zu identifizieren, der mein Leben für immer in andere Bahnen gelenkt hatte, doch ich würde dem Schuldigen auf die Spur kommen. Was blieb, war die ungewisse Zukunft – meine und die aller Lebewesen.

Meine Schnecke und ihre Nachkommen waren wild lebende Tiere. Sie waren Vertreter einer halben Milliarde Jahre gastropodischer Evolution. Ich wollte ihren Platz in dieser altehrwürdigen Ahnenfolge in Erfahrung bringen.

Aus John Burchs Buch *How to Know the Eastern Land snails [Die ostamerikanischen Landschnecken erkennen]* erfuhr ich, dass meine Schnecke zur Ordnung der Pulmonata beziehungsweise Lungenschnecken gehörte, die sich dadurch auszeichnen, dass sie zum einen eben eine Lunge besitzen und zum anderen für ihre Ruhezustände jeweils ein temporäres Epiphragma bilden – im Gegensatz zu einigen anderen Schneckenarten, die ein dauerhaftes, an ihrem Fuß befestigtes Operculum besitzen, mit dem sie, jedes Mal, wenn sie sich in ihr Gehäuse zurückziehen, gleichsam die Tür hinter sich zumachen können.

Es gibt weltweit sechzig Familien von Lungenschnecken, die wiederum rund zwanzigtausend Arten umfassen, also forschte ich weiter und fand heraus, dass meine Schnecke zur Unterordnung der Stylommatophora (»Stielaugenträger«) beziehungsweise Landlungenschnecken und zur Familie der Polygyridae gehörte (großer Körper, zurückgebogene Mündungslippe).

Was Gattung und Art betraf, tappte ich allerdings im Dunkeln. Um diese zu bestimmen, bedurfte es eines Experten, denn mir waren die nötigen Informationen – etwa, ob sich im Innern des Gehäuses ein zahnartiger »Knubbel« befand, was ich bei einer lebenden Schnecke nicht überprüfen konnte – nicht zugänglich.

Ich wandte mich an Tim Pearce, den stellvertretenden Direktor und Leiter der Abteilung Mollusken im Carnegie

Museum of Natural History, sowie an den Biologen Ken Hotopp von der Umweltorganisation Appalachian Conservation Biology. In einer Reihe von E-Mails tauschten sich Tom und Ken über die Identifikationsmerkmale aus, die sie auf meinen Fotos von der Schnecke erkennen konnten. Sie berücksichtigten die Tiefe des Gehäuses, die Zahl der Windungen und sogar die Farbe der Augenpunkte und kamen schließlich überein, dass es sich bei meiner Schnecke um eine *Neohelix albolabris* handeln müsse – *neo* für neu, *helix* für Spirale und *albolabris* für weißlippig –, eine Art, die in den feuchten Waldgebieten Nordamerikas heimisch ist, von Ontario im Norden bis Georgia im Süden, und von der Ostküste bis hin zum Mississippi.

Unsichtbare Grenzen

Auf der Erde gibt es mehrere Millionen potenzieller Krankheitserreger, von denen etwa tausend den Menschen als Wirt brauchen. Der Krankheitserreger, der mich befallen hatte, war auf seine ganz eigene Weise auch ein Autor: Er schrieb die Anweisungen um, die innerhalb der einzelnen Zellen meines Körpers befolgt werden, und damit schrieb er letztlich mein gesamtes Leben um und erklärte fast all meine Zukunftspläne für null und nichtig.

Meine Krankheit hatte mit grippeartigen Symptomen und einer partiellen Lähmung der Skelettmuskulatur begonnen. Binnen weniger Wochen hatte sie sich zu einem systemischen lähmungsartigen Schwächezustand mit lebensbedrohlichen Komplikationen ausgewachsen. Nach einer langsamen, teilweisen Genesung über einen Zeitraum von drei Jahren erlitt ich mehrere schwere Rückfälle.

Mithilfe diverser Spezialuntersuchungen wurde schließlich eine autoimmun bedingte Dysautonomie diagnostiziert, eine Funktionsstörung des vegetativen Nervensystems, die eine Lähmung des Kreislaufsystems und Magen-Darm-Trakts bewirken kann.

Eine Dysautonomie kann dazu führen, dass man kaum stehen oder aufrecht sitzen kann, weil die Blutgefäße den Kreislauf nicht gegen die Schwerkraft in Gang halten können. Astronauten haben dieses Problem, wenn sie sich wieder an das Gravitationsfeld der Erde anpassen. Am einen Ende des Spektrums einer solchen »orthostatischen Intoleranz« steht die Synkope: Der oder die Betroffene steht auf und wird sofort ohnmächtig. Am anderen Ende stehen Fälle wie meiner: Der aufgerichtete Körper wird, während er vergebens versucht, den nötigen Blutdruck aufrechtzuerhalten, immer schwächer. Die Fähigkeit, eine aufrechte Körperhaltung einzunehmen, ist eine relativ neue evolutionäre Anpassung, und sie ist immer noch erstaunlich fragil. Das Gewicht der Welt lastet nicht nur metaphorisch gesprochen auf mir, sondern im ganz wörtlichen Sinne. Waagerechte Flächen sind meine Rettungskissen auf meinem Weg durchs Leben.

Darüber hinaus wurde ein Chronisches Erschöpfungssyndrom (CES) diagnostiziert, auch als Myalgische Enzephalomyelitis (ME) bekannt, ein unpassend benanntes, postinfektiöses Leiden, das mit einem dauerhaft reduzierten Blutvolumen, Störungen des vegetativen Nervensystems und deaktivierten Genen einhergeht.

Im siebten Jahr meiner Krankheit führten weitere Untersuchungen zu einer präziseren Diagnose: Ich litt an einer Mitochondriopathie, einer erworbenen mitochondrialen Erkrankung. Die Mitochondrien sind die »Kraftwerke« der Körperzellen, und in den Skelettmuskeln und der autonomen Muskulatur sind sie besonders häufig vertreten. In einem hochkomplexen, zweihundert Schritte umfassenden Prozess wandeln sie Nährstoffe und Sauerstoff in Energie um. Jeder von uns wird mit einer gewissen Anzahl einzigartiger genetischer Mutationen geboren, und im Lauf unseres Lebens »erwerben« wir weitere hinzu. Eine bestimmte Mutation, die von einem bestimmten Krankheitserreger zum Vorschein gebracht wird, kann zu einer mitochondrialen Fehlfunktion führen, die wiederum eine Stoffwechselkrankheit nach sich ziehen kann.

In meinem Fall könnte dieser Krankheitserreger der Virus gewesen sein, der in dem kleinen Ort in Europa kursierte, wo ich meinen Urlaub verbrachte. Vielleicht war auch irgendwas in dem Leitungswasser, das ich eines Nachts im Hotel trank. Und schließlich saß ja auf dem Rückflug auch noch dieser kranke Chirurg neben mir, wobei ich zu diesem Zeitpunkt bereits ernste, seltsame Symptome entwickelt hatte. Im fünfzehnten Jahr meiner Krankheit erfuhr ich von der durch Zecken übertragenen Frühsommer-Meningoenzephalitis (FSME), die durch Viren der Familie Flaviviridae, zu der auch der West-Nil-Virus gehört, verursacht wird. Die FSME kann mit einer Borreliose einhergehen, die sich bei mir aber, falls ich sie mir denn zugezogen hatte, von selbst legte. Soweit man weiß, ist die FSME bisher nicht über den Atlantik nach Nordamerika gelangt, sodass meine Ärzte in den USA damals die Symptome nicht hätten erkennen können. Der eigenartige, in zwei Phasen erfolgende Ausbruch der FSME entspricht jedenfalls dem meiner Krankheit: auf anfängliche grippeartige Symptome folgen einige Wochen später ein systemischer, lähmungsartiger Schwächezustand sowie Störungen des vegetativen Nervensystems mit schlechter Langzeitprognose.

Krankheitserreger, jene kritischen Bestandteile des Urozeans, aus dem alles Leben hervorgegangen ist, haben sämtliche Spezies mitgestaltet, und es war ein Krankheitserreger, der mich in so engen Kontakt mit einer Schnecke gebracht hatte.

Zwar bin ich mir durch meine Krankheit meiner Sterblichkeit immer sehr bewusst, doch ist mir klar, dass es letztlich nicht auf mein Überleben ankommt, nicht einmal auf das meiner Spezies, sondern darauf, dass das Leben als solches sich weiterentwickelt. Welche Spezies werden nach dem rasanten holozänen Massenaussterben noch übrig sein? Und welche neuen Lebewesen werden sich entwickeln, von denen wir überhaupt keine Vorstellung haben – denn wer hätte sich uns schon vorstellen können?

Im Moment können wir Menschen uns glücklich schätzen, diese Erde zusammen mit den Mollusken zu bewohnen, auch wenn wir in deren viel längerer Geschichte eine relativ neue Erscheinung sind. Ich hoffe, dass die Landschnecken, tagsüber in irgendeinem Unterschlupf verborgen, nachts langsam und elegant dahingleitend, noch viele Millionen Jahre ihr geheimnisvolles Leben in den vielfältigen Landschaften dieser Erde fortsetzen werden.

Danksagung

Ein Buch zu schreiben, ist eigentlich ein einsames Unterfangen, doch dieses Projekt hat mich ein Stück weit aus meinem Gehäuse gelockt. Ohne E. LaRoche hätte ich niemals den Essay geschrieben, aus dem dieses Buch hervorgegangen ist. Zu Dank verpflichtet bin ich auch E. Somers von der *Missouri Review* und C. Mason, denen die Schneckengeschichte, kaum dass sie ausgeschlüpft war, ins Auge fiel. Als ich über die Gastropoden zu lesen begann, ahnte ich nicht, dass ich ein solches Faible für malakologische Fachliteratur entwickeln würde. Ich flocht Tausende wissenschaftliche Fachbegriffe in meine persönlichen Schneckenbeobachtungen ein, und M. Porters kompetentes Lektorat, insbesondere ihre Klarheit und Entschiedenheit, was notwendige Streichungen betraf, waren gerade in diesem Entwicklungsstadium Gold wert. M. nahm das Projekt unter ihre Fittiche, las jede einzelne Fassung, ohne sich durch meine endlosen Überarbeitungen beirren zu lassen, und überstand diesen Kraftakt wundersamerweise unbeschadet.

Anerkennung und Respekt gebühren L. Osterbrock, D. Dwyer und P. Blanchard, die meinem Text ihre jeweiligen redaktionellen Fähigkeiten haben zukommen lassen und stets wohlwollend reagierten, wenn ich mich aus heiterem Himmel und manchmal auch zu ungewöhnlicher Stunde bei ihnen meldete; als Schriftstellerin kann man sich glücklich schätzen, wenn man zum Perfektionismus neigende lektorierende Freunde in unterschiedlichen Zeitzonen hat. Und als ich eigentlich meinte, das Manuskript abgeschlossen zu haben, brachte mich J. Babb geschickt dazu, den Text noch ein letztes und, wie sich zeigte, entscheidendes Mal zu überarbeiten. Mein Dank gilt auch L. Babb für ihre Reaktion auf eines der zentralen Kapitel.

Die folgenden Freundinnen und Freunde haben eine oder mehrere Fassungen meines Buches gelesen, und ihre wunderbaren Fragen, Gedanken und Vorschläge halfen mir, der Geschichte Form und Tiefe zu geben: K. Adams, D. Smith, A. Levine, D. Graham, D. R. Warren, P. Kamin, L. Fisher und S. Lester. Klugen Rat und Unterstützung erhielt ich in verschiedenen kritischen Momenten von J. Hamilton, T. Coburn und J. Babb. Zu Dank verpflichtet bin ich außerdem der MacDowell Colony und dem Vermont Studio Center. Aus tiefstem Herzen danke ich allen, die Writers-in-Residence und die Künste unterstützen.

Timothy A. Pearce, der in einem früheren Leben bestimmt mal ein Gastropode war, ist ein bemerkenswerter Malakologe. Er hat meine unzähligen Fragen mit erstaunlicher Geduld, Überlegung und Neugier beantwortet, aus seinem schier endlosen Wissen schöpfend. Jedes Mal wenn ich zu weit auf gastropodisches Terrain geglitten und stecken geblieben war, rettete Tim mich. Meine Anerkennung gilt auch dem Biologen Ken Hotopp, der genau weiß, wo man in Neuengland eine *Neohelix albolabris* finden kann und was sie in einem beliebigen Moment gerade tut. Es war ein großes Glück, Tim und Ken als Berater zu haben. Meine anregenden, manchmal verblüffenden und zum Teil auch sehr amüsanten Unterhaltungen und Briefwechsel mit den beiden vertieften mein Verständnis dieser kleinen Tiere und ihres Platzes in der Welt. Sollte sich

irgendein malakologischer Fehler in diesen Text einge-
schlichen haben, ist er ganz allein mir anzulasten.

Meinen Dank aussprechen möchte ich auch der Öko-
login A. Calhoun für ihre frühe engagierte Lektüre des
Manuskripts, K. Vencile für sein faszinierendes Feedback,
Dr. R. Smith für sein Wissen über ansteckende Krank-
heiten und sein Interesse an der Malakologie, den Mitar-
beitern und Mitarbeiterinnen der University of Maine
Cooperative Extension und dem außerordentlich freund-
lichen und stets hilfsbereiten Bibliothekspersonal meiner
örtlichen Bücherei.

Zu Dank verpflichtet bin ich außerdem den Naturfor-
schern des neunzehnten Jahrhunderts, deren Worte diesen Text bereichern. Sie haben das Verhalten der Schnecken in all seinen Nuancen beobachtet und in poetischen
Texten festgehalten, die nicht durch die heutige, techni-
schere Wissenschaftssprache beeinträchtigt sind.

Mein besonderer Dank gilt N. Glassman, die meine
Schnecke gefunden hat und ohne die sich diese ganze
Geschichte nicht zugetragen hätte. H. Schuman hat mich
an seiner Liebe zur Sprache teilhaben lassen und J. Schuman an ihrer Liebe zur Natur. Dafür, dass sie meine
lebenslange Sehnsucht nach Inselliteratur gestillt haben,
danke ich den Websters. Kathryn Davis: Von dir habe ich
die Gabe der Worte – es gibt wenige Gaben, die so kostbar
sind.

Meine Agentin Ellen Levine und meine Verlegerin Elisabeth Scharlatt glaubten an eine kleine Geschichte über
ein noch kleineres Lebewesen, und trotz der Eile, die im
Verlagswesen gemeinhin herrscht, hatten sie die Geduld,
auf die endgültige Version zu warten. Mein Dank gilt auch
der Belegschaft von Alonquin Books und Workman Publi-
shing, R. Careau, die eine ausgezeichnete, sehr sorgfältige

Korrekturleserin und Faktenprüferin ist, L. Lieberman für seinen weisen Rat sowie C. Gillette für künstlerische Beratung.

Eine Reihe von Leuten haben mir mit Übersetzungen geholfen: W. Smith und L. Hill (Chinesisch), A. McCormick und C. Stancioff (Französisch), T. Hayes (Latein), Anna Booth und Erica Walch (Italienisch) sowie K. Hardy (Wabanaki). Viele meiner Fragen zu den Haikus von Issa und Buson wurden von D. G. Lanoue und J. Reichhold sehr gewissenhaft beantwortet.

Kathy Brays exquisite, mit weichem Stift gezeichneten Illustrationen enthüllen die privaten alltäglichen Momente im Leben einer Schnecke. Mit Kathy zu arbeiten war eine seltene und wundervolle Gelegenheit. Mein Dank geht an Susan Brand für ihre zauberhafte Schnecke auf dem Umschlag und an D. R. Warren für das geduldige Filmen einer abenteuerlichen *Neohelix albolabris*.

Von Herzen danke ich schließlich alle jenen, die mich auf meinem gesamten Weg durch die Krankheit begleitet oder unterwegs kleine Abstecher mit mir unternommen haben. Ich weiß das sehr zu würdigen – ohne euch wäre dieses Buch nie zustande gekommen. Einige von euch haben die seltene Fähigkeit, auch das Unsichtbare zu verstehen und zu akzeptieren, und ohne eure Unterstützung hätte ich das alles nicht durchgestanden: D. Lamparter, S. Spinney, L. Maria, A. Swan und zwei wirklich außergewöhnliche Ärzte, nämlich Dr. C. Rosen und Dr. D. Bell.

Und zum Schluss noch mein inniger menschlicher Dank an all die Tiere, die mich im Lauf der Jahre an ihrem Leben haben teilhaben lassen, nicht zuletzt natürlich an die Schnecke und ihre hundertachtzehn Nachkommen.

Anhang: Terrarien

Ich habe immer mehrere Terrarien mit Waldpflanzen im Haus. Wer selbst ein Pflanzenterrarium einrichten möchte, kann dazu ein beliebiges Glasgefäß verwenden. Man sollte in Erinnerung behalten, dass Moos, Farn, Flechten und manch andere Waldpflanzen nur langsam wachsen. Ein paar Pflanzen einer nicht unter Naturschutz stehenden Art an einer reichlich damit bewachsenen Stelle auszugraben, ist im Allgemeinen – sofern einem das Land gehört oder man die entsprechende Erlaubnis hat – kein Problem. Wer sich mit Pflanzen nicht so gut auskennt, sollte allerdings zunächst einen Botaniker fragen, um sicherzustellen, dass die betreffende Pflanze nicht einer vom Aussterben bedrohten und geschützten Art angehört. Ansonsten erhält man das benötigte Pflanzenmaterial auch in einem Gartencenter. Soll das Terrarium von einem oder mehreren Tieren bewohnt werden, sollten allerdings nur Pflanzen aus der freien Natur oder aus biologischem Anbau verwendet werden.

Lehmboden aus dem Wald enthält meistens Eier von irgendwelchen Tieren, sodass man unter Umständen überraschend den einen oder anderen neuen Freund im Terrarium entdecken wird.

Man kann viel lernen, wenn man eine Schnecke an der Stelle, wo man sie findet, beobachtet und sie ungestört ihr Leben fortsetzen lässt. Wer sich entscheidet, eine Weile lang eine Schnecke zu halten, sollte ihr ein möglichst natürliches Zuhause an einem ruhigen Ort bieten und dafür sorgen, dass sie stets frisches Wasser und ihre gewohnte Nahrung hat. Man sollte sorgsam mit seiner Schnecke umgehen, sie möglichst selten in die Hand nehmen und sie schließlich in der gleichen Jahreszeit, in der man sie dort weggenommen hat, an ihren Fundort zurückbringen. Ich war froh, als meine Schnecken in ihren angestammten Lebensraum zurückgebracht wurden. Zwar war es wunderbar, sie bei mir zu haben, doch jetzt ist es ein gutes Gefühl, zu wissen, dass diese wild lebenden Tiere wieder in ihrer natürlichen Umgebung sind.

Ausgewählte Bibliografie

Bücher über Gastropoden

G. M. Barker: *The Biology of Terrestrial Molluscs.* New York, CABI 2001.

Ders.: *Natural Enemies of Terrestrial Molluscs.* New York, CABI 2004.

John B. Burch: *How to Know the Eastern Land Snails.* Dubuque, Wm. C. Brown 1962.

Ronald Chase: *Behavior and its Neutral Control in Gastropod Molluscs.* New York, Oxford University Press 2002.

Oliver Goldsmith: ›Of Turbinated Shell-Fish, or The Snail Kind‹, in: *A History of the Earth and Animated Nature.* 1774. Glasgow, Blackie and Son 1860.

Edgar Allan Poe: *The Conchologist's First Book.* Philadelphia, Haswell, Barrington and Haswell 1839.

Alan Solem: *The Shell Makers: Introducing Mollusks.* New York, John Wiley and Sons 1974.

C. F. Sturm, T. A. Pearce und A. Valdes: *The Mollusks: A Guide to Their Study, Collection, and Preservation.* Boca Raton, American Malacological Society/Universal Publishers 2006.

Karl M. Wilbur (Hg.): *The Mollusca.* 12 Vols. New York, Academic Press/Harcourt Brace Jovanovich 1983–88.

Searles Wood, zitiert in John Gwyn Jeffreys: *British Conchology,* or *An Account of the Mollusca Which Now Inhabit the British Isles and the Surrounding Seas.* Vol. 5, *Marine Shells and Naked Mollusca to the End of the Gastropoda, the Pteropoda, and Cephalopoda.* London, John Van Voorst 1862.

Artikel über Gastropoden

Giovanni Francesco Angelita: ›On the Snail and That It Should Be the Example for Human Life‹, in: Ders.: *I pomi d'oro*. 1607. Los Angeles CA. The Getty Research Institute, Research Library, Special Collection and Visual Resources.

A. Brieva, N. Philips, R. Tejedor, A. Guerrero, J. P. Pivel, J. L. Alonso-Lebrero und S. Gonzalez: ›Molecular Basis for the Regenerative Properties of a Secretion of the Mollusk Cryptomphalus aspersa‹, in: *Skin Pharmacology and Physiology* 21 (2008): 15–22.

Ronald Chase: ›Lessons from Snail Tentacles‹, in: *Chemical Senses* 11, no. 4 (1986): 411–426.

Ders.: ›The Olfactory Sensitivity of Snails, *Achatina fulica*‹, in: *Journal of Comparative Physiology* 148 (1982): 225–235.

Robert H. Cowie und Brenden S. Holland: ›Dispersal is Fundamental to Biogeography and the Evolution of Biodiversity on Oceanic Islands‹, in: *Journal of Biogeography* 33 (2006).

D. S. Dundee, P. H. Phillips und J. D. Newsom: ›Snails on Migratory Birds‹, in: *Nautilis 80*, no. 3 (Januar 1967): 89–92.

E. Gittenberger, D. S. J. Groenenberg, B. Kokshoorn und R. C. Preece: ›Biogeography: Molecular Trails from Hitch-Hiking Snails‹, in: *Nature: International Weekly Journal of Science* (25. Januar, 2006). http://www.nature.com.

Sir George Head: *Tour in Modern Rome,* zitiert in: ›Snails and Their Houses.‹

Ernest Ingersoll: ›In a Snailery‹, in: *Friends Worth Knowing: Glimpses of American Natural History.* New York, Harper and Brothers 1881.

George Johnson: ›Art. II. – Shell Fish: Their Ways and Works‹, in: *Westminster Review 57* (Januar 1852).

G. A. Frank Knight: Vortrag in der Perthshire Society of Natural Science, zitiert in: ›Reversed Shells in the Manchester Museum‹ von R. Standen, in: *The Journal of Conchology,* hg. von William E. Hoyle, 1904–06.

M. Lemaire und R. Chase: ›Twitching and Quivering of the Tentacles during Snail Olfactory Orientation‹, in: *Journal of Comparative Physiology A. Neuroethology, Sensory, Neural, and Behavioral Physiology* 182, no. 1 (Dezember 1997).

MIT News Office: ›MIT's RoboSnails Model Novel Movements‹, 4. September 2003. https://news.mit.edu/2003/mits-robosnails-model-novel-movements.

G. R. Nielsen: ›Slugs and Snails‹. University of Vermont Extension, Entomology Leaflet 14.1998.

Timothy A. Pearce: ›Spool and Line Technique for Tracing Field Movements of Terrestrial Snails‹, in: *Walkerana,* 4, no. 12 (1990).

C. David Rollo und William G. Wellington: ›Why Slugs Squabble‹, in: *Natural History,* November 1977.

E. Sandford: ›Experiment to Test the Strength of Snails‹, Notes and Queries, in: *Zoologist: A Monthly Journal of Natural History* 10, no. 120, Dritte Serie (Dezember 1886).

N. Shaheen, K. Patel, P. Patel, M. Moore und M. A. Harrington: ›A Predatory Snail Distinguishes between Conspecific and Hetero-specific Snails and Trails Based on Chemical Cues in Slime‹, in: *Journal of Animal Behavior* 70, no. 5 (Februar 2005).

Tom Simonite: ›SlimeRiding Strategy Developed for Intestinal Robot‹, in: *NewScientist.com,* September 2006.

›Snails and Their Houses‹, in: *All the Year Round* 43, 10. November 1888.

Fachbücher und -artikel sowie Quellen

F. Barbero, J. A. Thomas, S. Bonelli, E. Balletto und K. Schönrogge: ›Queen Ants Make Distinctive Sounds That Are Mimicked by a Butterfly Social Parasite‹, in: *Science* 323 (2009): 782.

Rex Cocroft: ›Thornbug to Thornbug‹, in: *Natural History,* (Oktober 1999).

William Cowper: *Poetical Works,* ed. by. H. F. Milford. London, Oxford University Press 1967.

Charles Darwin: *Die Abstammung des Menschen und die geschlecht-liche Zuchtwahl.* Aus dem Englischen übersetzt von J. Victor Carus. 6. Auflage. Stuttgart, E. Schweizerbart'sche Verlagsbuch-handlung 1915.

Ders.: *Über die Entstehung der Arten durch natürliche Zuchtwahl oder die Erhaltung der begünstigten Rassen im Kampfe um's Dasein.* Aus dem Englischen übersetzt von H. G. Bronn, nach der sechsten englischen Auflage durchgesehen und berichtigt von J. Victor Carus, 4. Aufl., Stuttgart, Schweizerbart 1870.

Darwin Correspondence Project Database: http://www.darwinpro ject.ac.uk. Letters: #1962, to P.H. Gosse; #1967, to W.D. Fox; #z2018, to J.D. Hooker; and #3695, to C. Lyell.

Richard Dawkins: *The Ancestor's Tale: A Pilgrimage to the Dawn of Evolution*. New York: Mariner Books/Houghton Mifflin 2005.

Jan DeBlieu: *Wind: How the Flow of Air Has Shaped Life, Myth and the Land*. Emeryville, CA, Shoemaker and Hoard 2006.

David H. Freedman: ›In the Realm of the Chemical‹, in: *Discover* 223, Juni 1993

Atul Gawande: ›Hellhole‹, in: *The New Yorker*, 30. März 2009.

Thierry Heidmann: ›Darwin's Surprise‹, in: *The New Yorker*, 3. Dezember 2007.

T.H. Huxley: *A Course of Elementary Instruction in Practical Biology*. London, Macmillan 1902.

Stephen R. Kellert und Edward O. Wilson (Hg.): *The Biophilia Hypothesis*. Washington DC, A Shearwater Book/Island Press 1995.

Rev. William Kirby: *On the History, Habits and Instincts of Animals*. The Bridgewater Treatises, Treatise VII. 1835. Philadelphia, Carey, Lea and Blanchard 1837.

Sharon Moalem: *Survival of the Sickest*. New York, William Morrow 2007.

Florence Nightingale, *Notes on Nursing: What It Is, and What It Is Not*. New York, D. Appleton 1912.

Lorenz Oken: *Gesammelte Werke, Bd. 2. Lehrbuch der Naturphilosophie*. Weimar, Böhlau 2007.

Rainer Maria Rilke: *Briefe an einen jungen Dichter*. Zürich, Diogenes 2006.

Neil Shubin: *Your Inner Fish: A Journey into the 3.5-Billion-Year History of the Human Body*. New York, Pantheon Books 2008.

R.C. Stauffer (Hg.): ›Mental Powers and Instincts of Animals‹, in: *Charles Darwin's Natural Selection: Being the Second Part of His Big Species Book Written from 1856–1858*. Cambridge, Cambridge University Press 1975.

Luis P. Villarreal: ›Are Viruses Alive?‹, in: *Scientific American*, Dezember 2004.

Ders.: ›Can Viruses Make Us Human?‹, in: *Proceedings of the American Philosophical Society 148*, no. 3 (September 2004).

Ders.: ›The Living and Dead Chemical Called a Virus‹, 2005. http://cvr.bio.uci.edu/downloads/05_villa_livedead.pdf.

Ders.: *Viruses and the Evolution of Life*. Washington, DC, ASM Press 2004.

James Weir: *The Dawn of Reason: Or, Mental Traits in the Lower Animals*. London: Macmillan 1899.

Alan Weisman: *The World Without Us*. New York, Thomas Dunne Books/St. Martin's Press 2007.

Edward O. Wilson: *Biophilia*. Cambridge, MA, Harvard University Press 1984.

Carl Zimmer: ›Part Human, Part Virus‹, in: *Discover,* 15. September 2005.

Quellenhinweis

Die Autorin dankt folgenden Autoren, Übersetzern, Herausgebern, Rechteinhabern und anderen für die Erlaubnis, Auszüge aus folgenden Werken zu verwenden:

Elisabeth Bishop: ›Riesenschnecke‹, in: Elisabeth Bishop: *Die Farben des Kartographen.* Übersetzt von Margitt Lehbert. 2. Aufl. © Residenzverlag, Salzburg/Wien/Frankfurt am Main, 1983.

Billy Collins: ›Evasive Maneuvers‹, in: *Ballistics by Billy Collins.* Copyright © 2008 by Billy Collins. Mit freundlicher Genehmigung von Random House, Inc.///Billy Collins: *Schnee schaufeln mit Buddha.* Gedichte. Herausgegeben und übersetzt von Ron Winkler. © Edition Erata, Leipzig 2006.

Emily Dickinson: Abgedruckt mit freundlicher Genehmigung der Herausgeber von *The Letters of Emily Dickinson,* Thomas H. Johnson, ed., Cambridge, Mass.: The Belknap Press of Harvard University Press. Copyright © 1958, 1986, The President and Fellows of Harvard College; 1914, 1924, 1932, 1942 by Martha Dickinson Bianchi; 1952 by Alfred Leete Hampson; 1960 by Mary L. Hampson.

Emily Dickinson: Brief an Charles H. Clark, April 1886. Aus: *Emily Dickinson: Wilde Nächte. Ein Leben in Briefen.* Ausgewählt und übersetzt von Uda Strätling. © S. Fischer Verlag GmbH, Frankfurt am Main 2006.

Karl von Frisch: *Erinnerungen eines Biologen.* 3. erw. Aufl. Springer Verlag, Berlin/Heidelberg/New York 1973.

Helen Keller: *The World I live in.* New York, Century, 1908. Die hier zitierte Passage wurde übersetzt von Kathrin Razum. Alan Alexander Milne: ›The Four Friends‹, in: *When We Were Very Young* © The Trustees of the Pooh Properties c/o Curtis Brown Group Ltd. Die englische Originalausgabe erschien erstmals 1924 bei Methuen & Co Ltd., London.

Kommt jedoch Liebeswerben nicht in Betracht,
ist die Schnecke keineswegs gesellig, obgleich ... in
einem Zweige der Familie zu beobachten war,
wie Schnecken sich gegenseitig mit dem Kriechfuß
die Schale polierten.

Snails and Their Houses [Schnecken und ihre Gehäuse], 1888